北方农业谚语注释

张天柱 ◎ 主编

中国农业大学出版社
· 北京 ·

内容简介

农谚是我国农业历史悠久的见证之一，聪慧的劳动人民从千百年的生产生活中积累了丰富的经验，有很大一部分形成了谚语，并且在实践的检验下得到了科学验证。本书参考了《北方农业谚语集锦》（郝天民主编）内的谚语，对二十四节气、土壤与耕作、肥料与施肥、降雨与灌溉、作物栽培和农业气象等十一个类别的谚语进行了详细的注释。农业谚语生动直白，本书旨在传承中华民族的文化，让更多的现代农业工作者、普通民众了解农谚里的精髓。

图书在版编目（CIP）数据

北方农业谚语注释 / 张天柱主编. —北京：中国农业大学出版社，2018.11
ISBN 978-7-5655-2092-1

Ⅰ.①北… Ⅱ.①张… Ⅲ.①农谚-汇编-中国 Ⅳ.①S165

中国版本图书馆 CIP 数据核字（2018）第 190193 号

书　　名　北方农业谚语注释
作　　者　张天柱　主编

策划编辑　王笃利　　**责任编辑**　王笃利
封面设计　郑　川
出版发行　中国农业大学出版社
社　　址　北京市海淀区圆明园西路 2 号　　**邮政编码**　100193
电　　话　发行部 010-62818525,8625　　读者服务部 010-62732336
　　　　　编辑部 010-62732617,2618　　出　版　部 010-62733440
网　　址　http://www.caupress.cn　　**E-mail** cbsszs@cau.edu.cn
经　　销　新华书店
印　　刷　涿州市星河印刷有限公司
版　　次　2018 年 11 月第 1 版　2018 年 11 月第 1 次印刷
规　　格　787×1 092　16 开本　15.75 印张　290 千字
定　　价　58.00 元

编 委 会

主　　编：张天柱

副 主 编：郝天民

参编人员：刘彩霞　陈小文　侯　倩　梁　芳　高莉平　左　珊　刘鲁江　傅长智　李　旭　房志超　张海珍　姚淑姣　田亚然

编写说明

农谚，是我们祖先的宝贵遗产，是我国劳动人民长期从事农业生产智慧的结晶和经验的积累，是我国劳动人民独特的创造，是我国极为宝贵的生产力和劳动财富。

目前所知，有些农谚可以远溯至数千年前，如见之于西汉（公元前 1 世纪）桓宽的《盐铁论》中：“茂林之下无丰草，大块之间无美苗”“骤雨不终日，飓风不终朝”等，与老子道德经第二十三章“飘风不终朝，骤雨不终日”相似。由于农谚的来源可以不断地追溯，因此我们有理由认为农谚的起源是与农业起源一致的。而农业的起源远早于文字记载，所以农谚的起源也一定在有文字以前了。

我们伟大的祖国是农业历史最悠久、经验最丰富的国家之一，亿万劳动人民在多年的生产生活中积累了丰富的经验，有很大一部分就是以口头谚语的形式继承和发展下来的。据考证，农谚实际上是从农业劳动中的歌谣里分化出来的一个重要分支。农谚是记录劳动人民与自然斗争的经验，即着重生产方面的，同时，属于纯粹生产经验的农谚，也在不断增加、不断丰富，成为指导生产的一个重要部分。

农谚是气候、农时、农业生产实践的成功的结合，是一部简要、明确、切合农业生产需要的农事历。农谚的科学性，集中表现在它因时制宜、因地制宜的精神实质上。农谚的科学性和实践性密切相关。科学来源于实践，反过来又为实践服务，并且在实践的检验下，进一步验证其科学性。农业谚语的科学性在实践中也进一步得到证实。在长期的生产中，农谚发展了农业生产，丰富了农业科学。

农谚，来源于劳动人民生产实践的经验，世代相传，反复检验，绝大多数是正确的，闪耀着劳动人民智慧的光芒。它简短流畅，易懂易记，精炼深刻。但农谚也有它时代的局限性和地域的局限性。历史上的农谚，毕竟是过去时代的产物，反映着过去时代的生产水平，有一些认识上的片面性和经验上的偶然性是不可避免的，同时，农谚还有严格的地域性。我国北方地域辽阔，同一节气在不同地区的气候条件各不相同。因此，我们对待历史上流传下来的浩瀚如海的农谚，也应该像对待其他历史遗产一样，取其精华，去其糟粕，注意它的地域性，有选择地继承和应用。

新中国成立后的新谚语，是在继承农谚优良传统的基础上，赋予了其新的内容，注入了新的血液，这说明了农谚的发展已经进入一个新的历史阶段。尤其是2018年，经党中央批准、国务院批复，我国将每年农历“秋分”设立为“中国农民丰收节”。“秋分”是二十四节气中的一个节气，是亿万农民庆祝丰收的节日，也是五谷丰登、国泰民安的生动体现。

为使广大农民、农业科技工作者更深刻地理解农谚，从而使历史上流传下来的农谚和现代农业科学技术更好地结合，使群众经验和科学理论更好地结合，并结合当地生产实际，使农谚更好地为农业生产服务，我们组织了部分农业专家、学者编写了这本《北方农业谚语注释》。由于水平有限，时间仓促，难免有误，请广大读者予以指正。

编 者

2018 年 7 月

目　录

第一章　节气与农时

第一节　二十四节气歌诀

一、节气

节气指二十四时节和气候，是中国古代订立的一种用来指导农事的补充历法，是中国古代劳动人民长期经验的积累和智慧的结晶。由于中国农历是一种“阴阳合历”，即根据太阳也根据月亮的运行制定的，因此不能完全反映太阳运行周期。但中国又是一个农业社会，农业需要严格了解太阳运行情况，农事完全根据太阳进行，所以在历法中又加入了单独反映太阳运行周期的“二十四节气”，用作确定闰月的标准。

二、二十四节气

二十四节气是智慧的中国古代老百姓通过对自然与生活的细心观察，根据太阳在黄道上的位置划分的，相邻两个节气隔 15 天左右。为了便于记忆，人们编出了二十四节气歌诀。

三、二十四节气歌诀

1. 新华字典第 11 版附录：二十四节气歌

春雨惊春清谷天，
夏满芒夏暑相连。
秋处露秋寒霜降，
冬雪雪冬小大寒。
上半年逢六二一，
下半年逢八二三。
每月两节日期定，
最多相差一二天。

2. 东北版本的二十四节气歌

立春阳气转，雨水雁河边，惊蛰乌鸦叫，春分地皮干，清明忙种麦，谷雨种大田；立夏鹅毛住，小满雀来全，芒种开了铲，夏至不拿棉，小暑不算热，大暑三伏天；立秋忙打甸，处暑动刀镰，白露烟上架，秋分无生田，寒露不算冷，霜降变了天；立冬交十月，小雪地封严，大雪河边封，冬至不行船，小寒近腊月，大寒整一年。

3. 其他版本的二十四节气歌

（1）流传在北方个别地区的二十四节气歌。

立春梅花分外艳，雨水红杏花开鲜；
惊蛰芦林闻雷报，春分蝴蝶舞花间。
清明风筝放断线，谷雨嫩茶翡翠连，
立夏桑果像樱桃，小满养蚕又种田。
芒种玉秧放庭前，夏至稻花如白练；
小暑风催早豆熟，大暑池畔赏红莲。
立秋知了催人眠，处暑葵花笑开颜；
白露燕归又来雁，秋分丹桂香满园。
寒露菜苗田间绿，霜降芦花飘满天；
立冬报喜献三瑞，小雪鹅毛片片飞。
大雪寒梅迎风狂，冬至瑞雪兆丰年；
小寒游子思乡归，大寒岁底庆团圆。

（2）流传在河北省北部的二十四节气歌。

立春雨水，赶早送粪；
惊蛰春分，栽蒜当紧；
清明谷雨，瓜豆快点；
立夏小满，浇园防旱；
芒种夏至，拔麦种谷；
小暑大暑，快把草锄；
立秋处暑，种菜无误；
白露秋分，种麦打谷；
寒露霜降，耕地翻土；
立冬小雪，白菜出园；
大雪冬至，拾粪当先；
小寒大寒，杀猪过年。

（3）流传在北方民间小册子记载的二十四节气歌。

雨水惊蛰春分芳，清明谷雨立夏强，
小满芒种夏至到，小暑大暑立秋凉，
处暑白露秋分定，寒露霜降立冬藏，
小雪大雪冬至冷，小寒大寒立春阳。

四、二十四节气的来历

二十四节气起源于黄河流域。远在春秋时代，就定出仲春、仲夏、仲秋和仲冬四个节气。以后不断地改进与完善，到秦汉年间，二十四节气已完全确立。公元前104年，由邓平等制定的《太初历》，正式把二十四节气订于历法，明确了二十四节气的天文位置。

太阳从黄经0°起，沿黄经每运行15°所经历的时日称为“一个节气”。每年运行360°，共经历24个节气，每月2个。其中，每月第一个节气为“节气”，即：立春、惊蛰、清明、立夏、芒种、小暑、立秋、白露、寒露、立冬、大雪和小寒12个节气；每月的第二个节气为“中气”，即：雨水、春分、谷雨、小满、夏至、大暑、处暑、秋分、霜降、小雪、冬至和大寒12个节气。“节气”和“中气”交替出现，各历时15天，现在人们已经把“节气”和“中气”统称为“节气”。

二十四节气反映了太阳的周年运动，所以节气在现行的公历中日期基本固定，上半年在6日、21日，下半年在8日、23日，前后相差不超过1～2天。

五、二十四节气的含义

立春：立是开始的意思，立春就是春季的开始。
雨水：降雨开始，雨量渐增。
惊蛰：蛰是藏的意思。惊蛰是指春雷乍动，惊醒了蛰伏在土中冬眠的动物。
春分：分是平分的意思，春分表示昼夜平分。
清明：天气晴朗，草木繁茂。
谷雨：雨生百谷。雨量充足而及时，谷类作物能茁壮成长。
立夏：夏季的开始。
小满：麦类等夏熟作物籽粒开始饱满。
芒种：麦类等有芒，作物成熟。
夏至：炎热的夏天来临。太阳到了北边太阳能到的最极致的地方（北回归线）。
小暑：暑是炎热的意思，小暑就是气候开始炎热。

大暑：一年中最热的时候。

立秋：秋季的开始。

处暑：处是终止、躲藏的意思，处暑是表示炎热的暑天结束。

白露：天气转凉，露凝而白。

秋分：昼夜平分。

寒露：露水已寒，将要结冰。

霜降：天气渐冷，开始有霜。

立冬：冬季的开始。

小雪：开始下雪。

大雪：降雪量增多，地面可能积雪。

冬至：寒冷的冬天来临，太阳到了南边太阳能到的最极致的地方（南回归线）。

小寒：气候开始寒冷。

大寒：一年中最冷的时候。

随着中国历法的外传，二十四节气已流传到世界许多地方。

第二节　春

一、立春

农谚　立春阳气转，雨水雁河边

“雁”是指鸿雁，也称大雁。中国古代将“雨水”节气分为三候：“一候獭祭鱼；二候鸿雁来；三候草木萌动。”到了这个节气，水獭开始捕鱼了，将鱼摆在岸边如同先祭后食的样子；五天过后，大雁开始从南方飞回北方；再过五天，在“润物细无声”的春雨中，草木随地中阳气的上腾而开始抽出嫩芽。从此，大地渐渐开始呈现出一派欣欣向荣的景象。

农谚　立春一到，农人起跳

“立春”，二十四节气之一。“立”是开始的意思，立春就是春季的开始，每年 2 月 4 日或 5 日太阳到达黄经 315°为立春。立春后气温回升，春耕大忙季节在全国大部分地区陆续开始。

农谚　春打五九尾，家家啃猪腿

春打五九尾，庄稼人噘着嘴

春打六九头，家家卖耕牛

春打六九头，穷汉挣个牛

春打六九头，不吃芝麻也吃油

这是一组有关年景预测的农业谚语。如果立春在六九第一天，就叫春打六九头；如立春在五九最后一天，就叫春打五九尾，每年的立春总是在这两种情况中变化。农谚称："春打五九尾，家家啃猪腿"，兆示当年年景好；"春打六九头，家家卖耕牛"，兆示当年年景差。但也有相反含义的农谚，如"春打五九尾，庄稼人噘着嘴"兆示当年年景差；"春打六九头，穷汉挣个牛""春打六九头，不吃芝麻也吃油"，兆示当年年景好。这是由于地域不同，在同一节气而得出的不同的年景预测。

农谚 立春节日露，秋来水满路

立春节气一到，气温回升，天气变暖，万物复苏，新的一年又开始了。加之立春一般都出现在春节前后，这时到处都呈现出一派节日气象。立秋，则表示秋天来临，一年的多雨季节到了。

农谚 年前立春年后暖，年后立春二月寒

"年"指农历春节。如果春节前立春，过了春节天气就暖和了；如果春节后立春，由于立春时间后移，所以，农历二月天气还是很冷的。

农谚 打春别欢喜，还有四十冷天气

立春一般是在"六九"的第一天，阳历 2 月初。12 月、1 月、2 月这三个月是冬天，所以天气转暖不明显。到了 3 月初，气温才好明显回升。

农谚 立春落雨到清明，一日落雨一日晴

立春之日雨淋淋，阴阴湿湿到清明

这是两条关于春季天气预测的农业谚语。说如果立春当天下雨（下雪、阴天），以后便会经常下雨（雪），不是阴天就是雨雪天。这样的天气一直陆陆续续到清明时节。

农谚 立春落雨至清明

这条农业谚语意思是说如果立春那一天下雨，预示直到清明前都会多雨。

农谚 雨浇上元灯，日晒清明日

上元日，为农历正月初一，这天如果下雨，清明那天一定会是晴天。

农谚 立春天气晴，百事好收成
立春晴，雨水均
立春晴一日，耕田不费力
立春之日雨淋淋，阴阴湿湿到清明

这是一组关于立春日天气晴阴和年景预测的农业谚语。第一句是说如果立春这一天天气晴朗，这一年一定是个丰年，一定会有一个好收成。第二句是说如果立春这一天天气晴朗，这年便会风调雨顺。第三句是说立春这天是晴天，说明以后的天气风雨相宜，适合耕田。第四句是说如果立春这一天下雨，很容易断断续续下到清明。

农谚 吃了立春饭，一天暖一天

立春以后，天气会逐渐暖和起来。

农谚 雷打立春节，惊蛰雨不歇

这句农谚是说如果立春这天打雷，惊蛰节气时会连续下雨。

农谚 腊月立春春水早，正月立春春水迟

如果在腊月里立春，雨水会来得早；如果是在正月里立春，雨水会来得晚一些。

农谚 立春冻人不冻水

立春之后天气仍然很冷，但是温度都在0℃以上，尽管人们还感觉得冷，但水已不结冰了。

农谚 立春北风雨水多，立春东风回暖早，立春西风回暖迟

立春刮北风，雨水会降得多；立春刮东风，天气会暖得快；立春刮西风，天气还会冷一段时间。

二、雨水

农谚 雨水节，雨水代替雪
雨水非降雨，还是降雪期

每年的2月19日前后，太阳黄经达330°时，是二十四节气的雨水。此时，气温回升、冰雪融化、降水增多。在这个节气，黄河流域一般年份不再下雪，而是下雨了；而华北北部、东北地区还是降雪期。

农谚 雨水落了雨，阴阴沉沉到谷雨
雨打雨水节，二月落不歇

这两句是关于雨水节气那天如果下雨，那么整个春天雨水都会比较多。“二月”，这里是指农历。

农谚 七九八九雨水节，种田老汉不能歇

雨水节气，处于“九九”天的“七九”“八九”时节，华北地区冬麦区大小麦陆续进入拔节孕穗期，是最需要肥料，最怕水的时期，有“尺麦怕寸水”之说，要抓好“力保面积，看苗施肥，清沟排水”的田间管理。雨水节气正值冬末初春的过渡季节，冷暖多变，油菜、小麦易受低温冻害，要采取培土施肥等防冻措施。

农谚 雨水前后，植树插柳

这是一条适合我国黄淮地区的农业谚语。意思是说这个地区在“雨水”这个节气时就可以植树了。我国的植树节定在阳历 3 月 12 日，这个时间是“惊蛰”节气以后了。这个时期植树，泛指祖国北方的广大地区。因黄淮地区气候偏暖，所以在“雨水”这个节气时就可以植树了。

农谚 雨水有雨庄稼好，大春小春一片宝

“雨水”，是二十四节气中的第二个节气。太阳黄经达 330°，冬季过去，春天来临，天气转暖，冰雪融化成水，万物开始复苏，即是雨水到来。雨水之后华北地区气温一般可升至 0℃以上，雪渐少而雨渐多。降雨增多，空气湿润，天气暖和而不燥热，非常适合万物的生长。

古人根据雨水这天的天气情况来预测后来天气，如“雨水落了雨，阴阴沉沉到谷雨”“冷（暖）雨水、暖（冷）惊蛰”“雨水东风起，伏天必有雨”等。

三、惊蛰

农谚 惊蛰至，雷声起

《月令七十二候集解》：“万物出于震，震为雷，故曰惊蛰。”可见，惊蛰者乃蛰虫惊而出走也。按照一般的气候规律，惊蛰前后，华北地区各地的天气已开始转暖，并渐有春雷出现，冬眠的动物开始苏醒出土活动。农谚“惊蛰至，雷声起”，说明到惊蛰节气，打雷的机会已大增。

农谚 惊蛰乌鸦叫

惊蛰是指冬天过后出现的第一场雷声，万物复苏，乌鸦这种非候鸟的鸟类都会慢慢出来活动了。

农谚 惊蛰断凌丝

每年公历 3 月 5 日左右为惊蛰。惊蛰的意思是天气回暖，春雷始鸣，惊醒蛰伏于地下冬眠的昆虫。惊蛰时节，气温和地温都逐渐升高，土壤开始解冻。断凌丝就是说随着温度的升高，冰冻开始融化，最后的冰丝开始断开了，即将彻底地溶化成水。

农谚 惊蛰十日地开门
惊蛰地气通

指过了“惊蛰”这个节气，土壤开始解冻了。

农谚 未到惊蛰雷先鸣，必有四十五天阴

如果惊蛰以前出现雷声，那么惊蛰以后的四五十天中，天气是会很多阴天的。

农谚 春寒不算寒，惊蛰寒冷半年
惊蛰刮北风，从头另过冬

这是两条气象预测的农业谚语。第一句的意思是惊蛰的这一天如果暖和，前半年都比较暖和；惊蛰的这一天如果寒冷，前半年的气温都比较低，显得寒冷的时间长一些。第二句的意思是说，如果惊蛰这天刮北风，这年的春季将会比较寒冷。两句谚语意思相近。

农谚 冷惊蛰，暖春分

惊蛰，是春光明媚，万象更新的好时节，但仍会寒意十足，让人们感觉有些冷；而到了春分，由于气温回升得快，虽然仅比惊蛰向后推了半个月，但却令人觉得暖和得多了。

农谚 惊蛰过，暖和和，蛤蟆老角唱山歌

“老角”，学名“凤头百灵”，大连俗称“老角”。此句农业谚语意思是说过了惊蛰节气，气温回升快，天气暖和，青蛙、百灵鸟等动物都出来活动了。

农谚 惊蛰地气开，不耙跑墒快
惊蛰不耙地，地内走水气

到了惊蛰节气，气温地温都逐渐升高，土壤开始解冻，土壤水分蒸发量逐渐加大，这时应该耙地、耢地进行保墒，尤其是对旱平地、旱坡地，通过耙耢保墒，以争取春播保全苗。

农谚 惊蛰雷雨大，谷米高无价
惊蛰雷声响，粮谷堆满仓
雷打惊蛰前，高山好种棉
雷打惊蛰后，低田好种豆
雷鸣惊蛰前，两边不过镰
雷鸣惊蛰后，一镰割不透

北京师范大学社会科学院教授萧放认为，惊蛰雷与年成有关系。上面一组关于“惊蛰”的农业谚语，均为年景预测的农业谚语。其中“谷米高无价”“两边不过镰”表示为歉年，“粮谷堆满仓”“一镰割不透”表示为丰年，“高山好种棉”“低田好种豆”表示雷打惊蛰前、后适宜种植的农作物。

农谚 惊蛰闻雷米如泥
惊蛰雷鸣，成堆谷米
惊蛰有雨并闪雷，麦积场上如土堆
二月打雷麦成堆

以上四句，均表示如果“惊蛰”节气前后出现雷声，这一年一定是个丰收年。“米如泥”“麦成堆”，都是粮食大丰收的含义；“二月”指农历二月，惊蛰节气即出现在二月。

农谚 过了惊蛰节，春耕不停歇
惊蛰春雷响，农夫闲转忙

惊蛰节气以后，我国大部分地区气温明显回升，土壤解冻，雨水增多，正是备耕、春耕的好时机，农民开始忙了，各种农活越来越多了。

四、春分

农谚 春分地皮干

春分时节，太阳照射时间加长，温度升高，万物复苏。随着地温的升高，蒸发作用促使地里水分减少，而且这个节气雨水较少，风大风多，所以有“春雨贵如油”的说法，而土地面也呈干旱状态。

农谚 春分地气通

春分阳光直射赤道，其后直射位置逐渐北移。气温回升较快，华北大部分地区土地解冻（尢冻土层），故曰“地气通”。

农谚 春分一到昼夜平，耕地保墒要先行

春分秋分，昼夜平分

地轴一直都是倾斜的，只不过直射点做回归运动时，3 月 21 日和 9 月 23 日前后，太阳刚好位于赤道上。此时，晨昏线经过南北极点，将所有纬线平分为两部分，一半位于昼半球，另一半位于夜半球。所以此时全球昼夜平分。

农谚 春分不耙地，好比蒸馍跑了气

春分这一天阳光直射赤道，昼夜几乎相等，由于气温回升较快，土壤水分蒸发量大。这时应及时对耕地进行压耢保墒，以利于春播。

农谚 春分不种麦，别怨收成坏

春分种麦堆满仓，清明种麦一把糠

“二十四节气歌”中有“清明忙种麦，谷雨种大田”一句。这“清明忙种麦”句，指东北地区北部播种春小麦的时间。对于东北地区南部（辽宁南部、内蒙古赤峰市、哲里木盟一带）河北北部等广大春麦区，播种小麦的时间以“春分”为宜。

农谚 春分前后，大麦蚕豆

上述这些地区，在播种春小麦的同时，也可以播种大麦、蚕豆了。

农谚 春分有雨家家忙，种完麦子种菜床

东北地区南部，在“春分”节气前后，已经进入农忙季节。这时农民的农活，一是对播种大田的地块进行压耢保墒，有条件的地块要进行春汇地；二是播种春小麦；三是准备菜床，准备蔬菜的播种育苗了。

农谚 春分麦起身，一刻值千金

春分麦起身，肥水要紧跟

北方冬麦区春季少雨的地区要抓紧春灌，浇好拔节水，施好拔节肥，注意防御晚霜冻害。

农谚 春分刮大风，刮到四月中

春分南风，先雨后旱

春分西风多阴雨

春分大风夏至雨

这几句是关于春分那天刮风的气候预测的农业谚语。第一句意思是说，如果“春分”那天刮大风，要刮到农历四月中旬，预示春季大风天气多。第二句意思是说，如果“春分”那天刮南风，预示农业生前期雨水较多，后期会干旱（即秋旱）。第三句意思是说，如果“春分”那天刮西风，预示着全年（农业生产期）阴雨天气多。第四句意思是说，如果“春分”那天刮大风，“夏至”那天会下雨。

农谚 春分无雨到清明

春风降雪春播寒

春分有雨是丰年

春分阴雨天，春季雨不歇

这几句是关于春分那天下雨的气候预测的农业谚语。第一句意思是说如果“春分”那天无雨，那么从“春分”到“清明”这半个月都不会下雨。第二句意思是说如果“春分”那天下雪，整个春播期间（春分至谷雨）天气都比较寒冷。第三句意思是说如果“春分”那天下雨，预示着当年是个丰收年份。第四句意思是说如果“春分”那天是阴天或下雨，预示着当年春季雨水偏多。我国北方年年春旱，而当年春季雨水偏多，自然也会是个丰年。这一句和第三句意思相同。

农谚 春分无雨病人稀

“春分无雨病人稀”指春分时节天晴，人就少生病。出处：清·梁章钜《农候杂占》卷一“春占《陶朱公书》云：‘春分雨，人灾’引谚云：春分无雨病人稀。”后来有许多书、刊将这句列入农业谚语之中。

农谚 春分不暖，秋分不凉

春分不冷清明冷

春分前冷，春分后暖；春分前暖，春分后冷

这几句是关于春分温度（冷暖）的气候预测的农业谚语。第一句意思是说春分节气时天气不暖和，那么到了当年的秋分节气天气不会凉爽。第二句意思是说春分节气时天气暖和、不冷，那么到了当年的清明节气（相差半个月）会出现冷天气（冷、暖指相对而言）。第三句意思是说“春分”节气前天气较冷，那么节气后天气会暖和；反之，如果“春分”节气前天气较暖和，那么节气后天气会相对冷一些的。

五、清明

农谚 清明忙种麦，谷雨种大田
清明谷雨紧相连，种完小麦种大田
春分早，谷雨迟，清明种麦正当时
清明前十天，小麦种得欢

以上四句农谚，反映了农业生产与地理环境的关系。我国小麦产区分为冬麦区和春麦区。一般地说，河北、河南、山东、山西、安徽、江苏等省为冬麦区，其小麦在前一年秋天播种，在土地中越冬，第二年五、六月份（阳历）收获；而内蒙古、辽宁、吉林、黑龙江等省区为春麦区，其小麦春季播种，七月份（阳历）收获。“大田”，指玉米、高粱等农作物。上四句农谚指出了春麦区播种小麦、大田的时间。其中第四句则指辽宁南部、内蒙古东南部春小麦的播种时间。

农谚 清明难得晴，谷雨难得雨
清明不怕晴，谷雨不怕雨

这两句农业谚语的意思是说如果清明天气晴朗，就预兆着这一年是个好年头；谷雨如果下雨，同样预兆着这一年是个好年头。

农谚 清明要晴，谷雨要雨

清明时期，正值春播农作物出苗的关键时期。各种农作物的种子都需要一定的气温或地温才能发芽出苗。这段时间如果天气晴好，势必气温、地温较高，出苗较快。若遇上阴雨天气，甚至“倒春寒”，气温下降，气温太低，春播农作物的种子则会发芽出苗困难，水稻育秧也可能会产生烂秧现象。所以说“清明要晴”。谷雨时节过后，各种春播农作物也正值幼苗期，它们需要扎根发苗。同时冬小麦也正值拔节孕穗的节段，都需要充足的水分，因此便是“谷雨要雨”。

农谚 清明不断雪，谷雨不断霜
清明断雪不断雪，谷雨断霜不断霜

阳历4月份有两个节气：一个是清明，在4月5日前后，一个是谷雨，在4月20日前后；清明时节，黄河流域气候温暖，草木生长旺盛，空气清新，春光明媚，所以，这个节气定名为“清明”。可是东北地区由于地理位置较黄河流域偏北，还没有浓厚的春意，草木刚开始萌发，山林、田野刚刚露春意，此时仍然可以看到降雪。故东北谚语中有“清明断雪不断雪”的说法。“谷雨”表示雨水有显著增加，正是播种五谷的时期。这时东北地区由于冷空气的活动，这时还不能断霜。因此，东北谚语中有“谷雨断霜不断霜”的说法。

农谚 二月清明遍地青，三月清明不见青

二月清明一片青，三月清明草不生

这两句农谚大意是说如果农历三月清明，俗称“晚春”，田地的小草还没有钻出地面；而如果农历二月清明则是“早春”，这时已春草如茵。据观察，倘若今年的清明是在二月里，正月初在向阳的地方就看到了嫩绿的小草偷偷地钻出了地平线，悄悄地挺出柔嫩的身姿，扭出醒目的新绿，为人们带来了早春的信息。这是我们先人的无比聪明和智慧：他们没有高深的理论做指导，没有先进的仪器设备来测量，就凭年复一年、日复一日地观察、记录、推敲、总结，得出了指导千秋万代生产生活的行为总则。

农谚 三月清明榆不老，二月清明老了榆

这句农谚选自《玉匣记》。意思是如果清明是在阴历三月，则榆钱不老，仍可食用；如果清明节是在阴历二月，则榆钱就老了，食用不美了。《玉匣记》：一本集各类占卜之术之代表作的古书；榆钱：榆树的种子，幼嫩时可以食用。

农谚 清明在二月，种麦赶上前；清明在三月，种麦往后延

这句农谚是“清明忙种麦”的延续。“二月”“三月”均指农历。

以上两句农谚，意思基本相同。

农谚 清明前十晌种麦座三座四，清明后十晌种麦只座两仓

“晌”，这里是表示“天”的意思。“座三座四”，小麦籽粒多而饱满的意思。“只座两仓”，小麦籽粒少。这句农谚说明了东北地区播种春小麦的时间应在“清明”之前才能获得高产，充分表现“春争日”的重要意义。

农谚 清明玉米谷雨薯，小满谷子芒种黍

清明玉米谷雨棉，谷子播种到立夏

清明高粱谷雨谷，立夏芝麻小满黍

清明早，立夏迟，谷雨种棉正当时

清明麻，谷雨花，立夏点豆种芝麻

清明高粱谷雨花，立夏谷子小满黍

清明高粱接种谷，谷雨棉花再种薯

清明种薯正当时

清明种瓜，船载车拉

这几句农谚，表示了华北地区几种主要农作物的播种时间。由于华北地区地域广泛，同一种农作物的播种时间不尽相同，但相差不大。例如，谷子的播种期，有的地方是立夏前后，有的地方是小满前后，前后相差半个月。同样，黍的播种期，有的地方是小满前后，有的地方是芒种前后，前后相差也是半个月。第五句中的“麻”，是指大麻，也称线麻，其种子可以用于榨油，其茎秆表皮用于纺麻绳。“花”则是指棉花。第一、六句中的“薯”是指红薯，即地瓜。第一、三句中的“黍”则是指糜、黍。第七句中的“瓜”，一般是指南瓜。“船载车拉”，表示丰收的意思。

农谚 清明花，大车拉；谷雨花，大把抓；小满花，不归家

我国从南到北棉花适宜播种的时间逐步推迟。此句农谚为华北南部地区流传，意为该地区清明前后棉花育苗属于早播早栽，易获高产；谷雨前后棉花育苗仍可获较好收成；而到了小满节气，则属于晚播晚栽棉花了，产量会很低的。

农谚 清明有雨麦苗壮，小满有雨麦头齐

清明前后雨纷纷，麦子一定好收成

东北大部分地区在清明前几天播种春小麦，播后如遇下雨，小麦苗全、苗壮、苗旺。到了小满节气，春小麦即将抽穗，这时如果天气降雨，小麦抽穗将会非常整齐。这句农谚，论述了小麦生长时期与天气的关系。还有一句农谚“麦收四月（农历）雨”，也是这个意思。

农谚 清明有雨麦苗肥，谷雨有雨好种棉

华北地区冬麦区，清明节气小麦开始拔节、孕穗，此时有雨麦苗肥壮；而谷雨落雨，土壤墒情好，正好种棉花。

农谚 清明前后一场雨，胜似秀才中了举

“举”，即举人。古代科举制度下，有乡试，会试和殿试之说。在乡试之前，有童子试，童子试过关就是秀才。秀才有资格参加乡试，乡试的取中者才叫举人。举人再参加的就是京城的会试和皇上钦点的殿试，会试取中者称为贡士，贡士中参加殿试的一二三甲就是所谓的进士，一甲进士的一二三名就是所谓的状元，榜眼和探花。由秀才到举人，是在学业上又升了一格。用此来比喻清明时节的降雨，可见清明降雨对农业生产十分重要。

农谚 雨打清明节，干到夏至节

这是一句关于气象预测的农谚。意为如果清明节那天天气降雨，将会干旱到夏至节（约75天）。

农谚 春分有雨到清明，清明下雨无路行

这也是一句节气谚语。意思是，如果从春分开始到清明节经常下雨，那么清明节降雨量将会很大，甚至路都走不了的。（这里指南方地区。）

农谚 清明动南风，今年好收成
清明不见风，麻豆好收成

这是两句关于年景预测的农谚。第一句是说清明那天刮南风，今年一定是个丰年。第二句是说清明那天无风，今年一定收成麻类（大麻、芝麻）和豆类（主要是大豆）。

农谚 清明雨星星，一棵高粱打一升

这是一句流传在黑龙江地区的农谚。升：是指中国民间常用的容量单位。1升粮食约重4 kg。打：收获的意思。一般一棵高粱能收获粮食0.1～0.15 kg。这里用了夸张的手法。这句农谚的意思是如果清明那天下雨，这一年是个丰收年。

农谚 春雨落清明，明年好年景

这是一句关于年景预测的农谚，意思是如果清明那天下雨，第二年是个丰收年。

农谚 清明起尘，黄土埋人

这是一句流传在山西和内蒙古的农业谚语。“起尘”为刮大风的意思，风刮得尘土都飞起来了，有些像沙尘暴的含义，那么整个春天会大风天气多，刮得黄土都会埋住人的（夸张的语句）。

农谚 清明刮了坟头土，一旱四十五
清明刮动土，要刮四十五
清明一吹西北风，当年天旱黄风多

第一句谚语是说清明那天如果刮大风，会出现春旱，而且春旱的时间较长。第二句谚语也是说清明那天如果刮大风，会出现持续大风天气。第三句谚语是说清明那天刮西北风，当年干旱，而且黄风（沙尘暴天气）偏多。

农谚 清明北风十天寒，春霜结束在眼前

这是一句流传在河北南部的农谚。清明节气的风对未来天气及年成好坏也有一定预示，农民极为关心，因此在民间流传不少有关这方面的谚语。这句意思是说清明前后如果刮北风，还会有10天左右的寒冷天气，但春霜很快就会结束了。

农谚 清明风若从南起，预报田禾大有收

这是一句年景预测的农业谚语。意思是说，清风那天如果刮南风，这年就是个丰收年。

农谚 清明前后，点瓜种豆

这句农谚地域性很强，一般是指华北地区南部。随着地域的向北移动，点瓜种豆的时间也越来越晚，如"谷雨前后，种瓜点豆""立夏前后，种瓜点豆"。

农谚 雨打清明前，洼地好种田

这句是流传在黑龙江地区的农谚。意思是说，如果这一年清明前下雨，那么这一年就是个偏旱年景，而洼地（二阴地、下湿地）的庄稼就一定长得好。

农谚 清明冷，好年景

这是一句流传在河北、辽宁一带的农谚，也是一句预测年景的农谚。意思是清明节气时天气很冷，这一年是个丰收的年景。

六、谷雨

农谚 谷雨生百谷

谷雨不冻，抓住就种

此两句农谚，和上面"谷雨种大田"意近。我国北方大部分地区，到了谷雨节气，气温、地温回升较快，5 cm地温已稳定在8℃以上，大多数农作物种子都可以发芽，已适宜播种大多数农作物。在农业生产中，要抓住时机进行播种。

农谚 谷雨麦怀胎，立夏麦见芒

谷雨麦打苞，立夏麦呲嘴

这是华北地区冬小麦在谷雨节气应有的正常长势。"怀胎"、"打苞"即农作物发育的"孕穗期"。"见芒""呲嘴"即小麦已抽穗了。

农谚 谷雨前，种高山，种完高山种平川

“高山”，即丘陵坡地。一般地说，在春天的同一时期的向阳丘陵坡地地温相对较高，所以，谷雨播种时先播种丘陵坡地，然后播种平川地。

农谚 谷雨玉米立夏谷
芭米下种谷雨天
谷雨前，紧种棉

这是华北北部传统的大部分地区春玉米、春谷、棉花的正常播种时间。随着农业科技的进步，近年华北北部春玉米、春谷的播种时间已有所调整。春玉米的播种时间已提早到谷雨以前，春谷的播种时间已调整到小满前后。

农谚 清明麻，谷雨花，立夏栽稻种芝麻

这句农谚，表示了华北地区几种主要农作物的播种、插秧时间。“清明麻”的麻，是大麻，也叫线麻，前文已有介绍，也就是清明该种大麻了。“谷雨花”的花，是棉花，也就是说谷雨该种棉花了。“立夏”，是水稻插秧和播种芝麻的季节。

农谚 谷雨雨，蓑衣斗笠好藏起；谷雨晴，蓑衣斗笠打先行

“蓑衣”，是劳动者用一种不容易腐烂的草（民间叫蓑草）编织成厚厚的像衣服一样能穿在身上用以遮雨的雨具。“斗笠”，是一种遮挡阳光和避雨的编结帽。这句农谚说的是如果谷雨这天下雨，当年会比较干旱；如果谷雨这天天气晴朗，当年会雨水偏多。“打先行”，即要早早准备好，准备防雨。

农谚 谷雨雨不休，桑叶好喂牛
谷雨天气晴，养蚕娘子要上绳

这两句农业谚语，是指谷雨节气这天天气晴、雨和种桑养蚕的关系。“养蚕娘子”，即养蚕的人。“要上绳”即上吊、自杀的意思。意思是如果谷雨这天下雨，桑叶会大丰收，有利于养蚕；如果谷雨这天天晴，桑叶会歉收。

农谚 谷雨之前有大风，麦子一定减收成

华北地区南部的冬小麦，谷雨节气已进入灌浆期，这时如果出现大风天气，会造成小麦倒伏，从而引起减产。

农谚 谷雨栽上红薯秧，一棵能收一大筐
谷雨前后栽地瓜，最好不要过立夏
棉花种在谷雨前，开得利索苗儿全

谷雨种棉花，能长好疙瘩

谷雨有雨好种棉

谷雨节气，正是华北大部分地区种棉花、栽红薯秧的季节，应该不失时机地掌握生产环节，不误农时，才能获得棉花、红薯高产。

农谚 过了谷雨种花生

谷雨天，忙栽烟

这两句农谚，是说谷雨节气是华北大部分地区种植花生、栽种晒烟、烤烟的季节。同样道理，种植（包括栽植）任何农作物，都要不误农时。

七、关于春季的其他农业谚语

农谚 一年之计在于春

一年四季春为首

农业生产一年的打算要在春天就做好，一年的农业生产能否获得高产高效，关键在于春季。

农谚 春光一刻值千金，农时季节不饶人

节气不等人，春日胜黄金

春天人们起得早，秋后人马吃得饱

春天的时光是非常宝贵的，农民们要做好一年的生产计划，准备各种生产资料，准备春播，因为过了生产季节就没有好的收成。而且要早出晚归，辛勤劳作。这样才能获得农业的好收成。

农谚 春争日，夏争时，一年大事不宜迟

春争一日，夏赶一时，秋抢一阵

春种一日晚，秋收十日迟

春误一晌，秋误十晌

十年老不了一个人，一天误掉了一个春

这几句农谚，意思是说时间、季节对农业生产的重要性，尤其是春季、夏季对农业生产尤为重要，每一天、每一时都很关键。“晌”，即天的意思。

农谚 一场春风对一场秋雨

不刮春风，难行秋雨

行得春风有夏雨

春风唤秋雨，春雪百日雨

华北北方及东北地区的农村，一直流传着上面几句农谚。当地农民认为，春天风多，秋天就会雨多。许多农民记载着春天刮大风的日期，100 天后的那一天就会有一场大雨；还有的农民认为，春天哪一天下雪，100 天后的那一天就会下雨。

农谚 春雨贵如油

我国北方大部分地区十年九旱，年年春旱，春季的降水很少，因此便有了“春雨贵如油”这句农谚。

农谚 春天三场雨，遍地都是米
春天三场雨，秋后不缺米
春得一犁雨，秋收万石粮

以上三句农谚，都是在说春雨和粮食产量的重要关系。如上所述，我国北方大部分地区十年九旱，年年春旱，春季的降水很少，因此，给春播、全苗带来很多困难。如果春季下雨较多，这年将是一个丰收年。“石”，中国民间的一种容量单位，一石为 350 kg，也有的地方认为是 400 kg。“万石”，大丰收的意思。

农谚 春墒秋保，春苗秋抓

这是新中国成立后北方旱作农业区总结的一条十分宝贵的经验。北方旱作农业区由于年年春旱，播种出苗十分困难。于是这些地区的农民从前一年秋天开始，及早耕地，使土壤充分接纳雨水；冬季“三九磙地”、春季“压涝保墒”，使土壤含水量大幅度提高，从而保证了一次播种抓全苗，为农业丰收奠定了基础。

农谚 春雷响，万物长
春到三分暖

这两句农谚，意思是春天到了，天气暖和了，万物开始复苏、生长了。

农谚 春雷惊百虫，催马快春耕
春天雁叫，播种时到

春天到了，春雷响了，大雁从南方飞回来了，蛰伏在土壤中越冬的小动物苏醒了，这个时候该种地了。

农谚 春风不刮地不开

“开”，解冻的意思。春风吹来了，天气暖和了，土壤开始解冻了。

农谚 春天深耕一寸土，秋天多打万石谷

这句农谚，说明了春耕的重要性。春耕时深耕一寸土，粮食产量将会有很大

的提高。

农谚　春天孩儿面，一日变三变

春天后母面，一日变三变

春无三日晴

二八月，乱穿衣

“后母”，即继母。传统的说法，继母对非己生子女常发脾气，脸色多变；孩儿面，小孩经常哭、笑，脸色多变。以上几句农谚说的是春天气候多变，冷暖无常。二、八月，均指农历。这两个月是春季、秋季气温变化较大的月份。根据气温变化，需要勤换穿衣。

农谚　二月二，三月三，清明寒食过三天

农历二月二习俗是龙头节，又称青龙节，是一个中国传统节日。说龙头节最早起源于伏羲氏时代，伏羲“重农桑，务耕田”，每年二月初二“皇娘送饭，御驾亲耕”。传说龙能行云布雨、消灾降福，象征祥瑞，所以以各种与龙相关的民俗活动来祈求平安和丰收就成为全国各地的一种习俗。

农历三月三，古称上巳节，是一个纪念黄帝的节日。相传三月三是黄帝的诞辰，中原地区自古有“二月二，龙抬头；三月三，生轩辕”的说法。魏晋以后，上巳节改为三月三，后代沿袭，遂成水边饮宴、郊外游春的节日。

寒食，即寒食节，中国传统节日，中国非物质文化遗产。寒食节亦称“禁烟节”“冷节”“百五节”，在农历冬至后一百零五日，清明节前一二日。是日初为节时，禁烟火，只吃冷食，并在后世的发展中逐渐增加了祭扫、踏青、秋千、蹴鞠、牵勾、斗鸡等风俗。寒食节前后绵延两千余年，曾被称为民间第一大祭日。寒食节是汉族传统节日中唯一以饮食习俗来命名的节日。后来因为寒食和清明离的较近，所以人们把寒食和清明合在一起，只过清明节。

这句农谚把我国春季四个传统节日串联起来了。

农谚　三月三，曲麻菜钻天

“曲麻菜”又名苣荬菜、侵麻菜，菊科植物，多年生草本，是一种野菜。曲麻菜生于田间路旁，春季开花前采挖全草食用，味苦、性寒，有清热解毒之功，可治疗各种痈肿、疮毒，全草洗净切段焯熟凉拌或蘸酱食之。此句农谚是说农历三月三日前后，田野里曲麻菜已经长出来了，到了采挖野菜的时候了。（“钻天”，已经长出地面）。

农谚　三月三，脱了寒衣换单衫

到了农历三月上旬，天气暖和了，可以脱掉冬季穿的衣服，换成夏季穿的衣服了。

第三节 夏

一、立夏

农谚 立夏鹅毛住，小满鸟来全

我国北方春季风大，但到了立夏之后，春风停刮，连鹅毛这样的轻扬之物都会静止不动；等到了小满，所有飞走的候鸟就都回到了北方。

农谚 立夏不立夏，黄雀来说话

华北地区，每到立夏节气，黄雀都会从南方飞来。只要听到黄雀叫声，说明已经到了立夏节气了。黄雀，学名 *Carduelis spinus*，为雀科金翅雀属的鸟类。

农谚 立夏杨树不封门儿，饿死庄稼人儿

杨树封门，杨树的叶子完全放开了。华北北部，每到立夏节气，杨树的叶子完全放开了，遮住了阳光。如果这一年立夏杨树没有封门，说明这一年春季气温低，不利于农作物播种和生长，是个粮食歉收的年份。

农谚 立夏不热，五谷不结

这句农谚，和上句意思相近。意思是立夏节气天气还不热，收成是不会好的。

农谚 立夏见麦芒，一个月就上场

这是华北冬麦区农时节气和小麦长势、收获期的关系。意思是说如果立夏时小麦已抽穗（见麦芒：抽穗），那么再过一个月，就可以收获了。

农谚 清明蜀黍谷雨麻，立夏前后种棉花
立夏种高粱，小满种谷子
立夏大插薯
清明秫秫谷雨花，立夏前后栽地瓜
立夏芝麻小满谷
立夏的玉米谷雨的谷

立夏种绿豆

季节到立夏，先种黍子后种麻

立夏前后种络麻

立夏前后，种瓜点豆

立夏栽稻子，小满种芝麻

谷雨早，小满迟，立夏莜麦正当时

立夏种杂田

立夏不种，以后强种

立夏到，把种泡；小满前，好种田

立夏种胡麻，七股八个杈；小满种胡麻，到老一树花；芒种种胡麻，终久不回家

以上几句农谚，均指立夏节气播种的作物品种。由于华北、东北地区地域辽阔，且又有平川、丘陵、山区之分，所以在同一节气种植的作物品种并不一致。“蜀黍”，即玉米。“秫秫”，音 shúshu，指高粱。“花”，指棉花。“络麻”“麻”，指大麻（线麻）。“薯”，红薯（地瓜），插薯，即红薯栽秧。“杂田”，指杂粮作物。“七股八个杈”，丰产的长相。“终久不回家”，表示产量很低。

农谚 立夏耩河弯

耩，读音 jiǎng，释义：用耧播种。一般地说，立夏节气种河弯地。

农谚 立夏晴，蓑衣满田塍

立夏雨，蓑衣挂檐下

“蓑衣”，前文已有注释；“塍”，读音 chéng，田间的土埂子，小堤。这两句农谚的意思是如果立夏那天天气晴，那么这一年将雨水偏多；如果立夏那天下雨，那么这一年将干旱。

农谚 立夏不下，旱到麦罢

立夏不下，高挂犁耙

这两句农谚的意思是如果到了立夏节气天气还不下雨，将持续出现干旱天气。“麦罢”，收获麦子。“犁耙”，种地的犁杖。“高挂犁把”，即天气干旱，不能种地了。

农谚 立夏东南风，四十五天张渔网

立夏东风摇，麦子水中捞

立夏起土层，四十天刮黄风

这几句农谚，是说立夏那天刮风对以后天气的预测。“张渔网”，指天气干旱。“水中捞”，指夏天雨水较多。“起土层”，指刮大风。“刮黄风”，指大风天气。

农谚 立夏杏花开，严霜不再来

到了立夏，天气暖和了，杏花、桃花、梨花、海棠花相继开放，不再会出现严霜了。但有些地方，杏花开放时，还会出现霜冻，俗称“杏花冻”。

农谚 立夏拿扇，立秋扇丢

立夏到了，天气越来越热，人们开始用扇子了；立秋到了，天气越来越凉了，人们逐渐不用扇子了。

农谚 立夏刮东风，药铺把门封

如果立夏这天刮东风，这一年气候会很好，人们很少会生病吃药。

农谚 立夏到夏至，热必有暴雨

立夏后冷生风，热必有暴雨

这是流传在山东等地的两句农谚。意思是立夏以后，如天气暴热或出现短期冷风天气，将会有暴雨出现。

二、小满

农谚 小满小满，麦粒饱满

麦到小满日夜黄

小满满，芒种灌

小满麦丰仓，芒种见麦茬

小满三日望麦黄

小满十日满地黄

小满十日见白面

小满麦渐黄，夏至稻花香

小满十八天，青麦也成面

小满割不得，芒种割不及

小满至芒种时节，我国大部分冬麦区小麦处于灌浆结束期，籽粒接近饱满，麦粒开始变黄。而有些地区，芒种节气已经开始收获小麦了。

农谚 小满晴，麦穗响铃铃

小满前后如果多晴天，有利于小麦灌浆。

农谚 小满天赶天，芒种刻赶刻
小满赶天，芒种赶刻
小满天天赶，芒种不容缓

这三句农谚说的就一个字，那就“忙”。小满时节是收获的前兆，也是天气开启炎热模式的标志。等到了芒种时节，天气已经炎热，小麦与早稻都已可以收割，待收割完之后，有一批新的作物又得赶时间种下去。

农谚 小满暖洋洋，收麦种杂粮
过了小满十日种，十日不种一场空

这两句农谚说的是华北某些冬麦区抢种杂粮作物时间的重要性。华北、东北一些干旱丘陵地区，有许多年份由于春雨落得晚，不能种植玉米、高粱等生育期较长的作物，只能种一些杂粮作物，但播种时间一般在小满至芒种之间。有一句农谚叫“过了芒种，不可强种”，也是这个意思。因为杂粮作物播种太晚不会成熟的。

农谚 小满前后一场冻，处暑前后一场霜
小满后四天绝霜

这两句农谚，指的是东北某些高寒地区，那里的无霜期很短，只有几十天。春霜结束的很晚，而秋霜来得又特别早。

农谚 小满刮北风，旱断寸草根

这是一句关于气候预测的农谚。意思是说，如果小满那天刮北风，将会出现干旱天气。

农谚 小满有雨豌豆收，小满无雨豌豆丢

小满节气前后，正是豌豆灌浆期，这时如果降雨较多，豌豆就会丰收；如果降雨较少，豌豆就会歉收。

农谚 小满桑葚黑，芒种小麦割

到了小满节气，桑葚熟了；到了芒种节气，该收割小麦了。

农谚 小满节气到，快把玉米套（串）
小满后，芒种前，麦田串上粮油棉

小满节气，冬小麦成快熟了，到了芒种节气，就该收获了。为不误农时，在小满前后，要抓紧时间把冬麦后茬作物套种上。冬麦后茬作物一般是粮（玉米）、棉（棉花）、油（向日葵）。

三、芒种

农谚 芒种忙铲地
紧赶慢赶，芒种开铲

这两句农谚是说，到了芒种节气，种植的大田作物开始中耕除草了（铲地）。

农谚 芒种大忙，能多打粮
芒种忙两头，忙收又忙种

芒种是一年农业生产中的大忙季节，收麦、抢种、套种、中耕除草等。这时如果抓紧生产，不误农时，就会多打粮食。

农谚 芒种芒种，样样强种；过了芒种，不可强种
芒种不种，再种无用
芒种不种，过后落空
芒种芒种忙忙种，过了芒种要落空
芒种不种高山谷，过了芒种谷不熟

芒种节气，是一年中杂粮作物、早熟作物播种的最后期限，因为芒种到早霜来临，已经不到100天的时间，再晚播就不能成熟了。

农谚 四月芒种麦割完，五月芒种麦开镰
四月芒种麦在前，五月芒种麦在后

这年如果芒种出现在农历四月，小麦就已经收割完了；这一年如果芒种出现在农历五月，小麦也就是刚刚开始收获。这是因为，如果按阳历计算，芒种都会出现在每年的6月5日左右。而按农历计算，由于五年内出现两次闰月，也就是说五年中有两年是十三个月，因此，有时芒种会出现在四月，有时会出现在五月。出现在四月，由于芒种节气前移，气候也随之前移，因此，小麦收获得要早一些；反之，小麦收获就晚一些。这和“二月清明遍地青，三月清明不见青”是一个道理。

农谚 麦到芒种谷到秋，过了霜降刨白薯

这句农谚，指出了小麦、粮谷作物、白薯（红薯、地瓜）的收获期。

农谚 芒种火烧天，夏至雨绵绵

到了芒种节气，天气就很热了；到了夏至节气，即进入雨季了。

农谚 芒种晴天，夏至有雨
芒种有雨，夏至晴天

这是两句气象预测的农谚。意思是说，如果芒种这天是晴天，夏至那天会下雨；如果芒种这天下雨，夏至那天会是晴天。

农谚 芒种日下雨，不是干死泥鳅，就是烂断犁扣

“犁扣”，耕地的木犁。这句农谚的意思是如果芒种这天下雨，不是干旱就是雨涝。“干死泥鳅”，干旱。“烂断犁扣”，雨涝。

农谚 芒种栽薯重十斤，夏至栽薯光根根

这句农谚，明确指出红薯栽种的时间和产量的关系。

农谚 芒种前，忙种田；芒种后，忙种豆

这是一句流传在华北地区南部的农谚。意思是说这些地区在芒种前播种大田作物，芒种后还可以播种豆类等杂粮作物。

四、夏至

农谚 夏至不拿棉

这句农谚的上一句是“芒种忙铲地”。夏至以前农民参加劳动时拿上棉衣是农民的一种自我保护，是东北气候变化无常的需要。虽然时节到了，天气在逐渐变暖，但有时还有寒气冷风吹来，“低温寡照”的现象也会在某一年出现。在那样的气候条件下，在地里干活坐下来“歇气儿”的时候，特别是干活累得出了汗的时候会感觉身体冷飕飕的，这时披上随身携带的棉袄，身体就不会受凉，不易落病。直到夏至节，农民才会彻底放下棉衣了。

农谚 夏至短，冬至长
吃了夏至饭，一天短一线
日长长到夏至，日短短到冬至

节气到了夏至后，白天开始逐渐变短；冬至以后白天逐渐变长。

农谚 要嬉夏至日，要困冬至夜

我国北方，夏至太阳在北回归线，天气最长，人们活动（嬉）的时间最长；冬至太阳在南回归线，黑夜最长，人们睡觉（困）的时间也最长。

农谚 夏至冬至，日夜相距

夏至和冬至时，太阳直射回归线。南北半球夏至冬至的昼夜时长是确定的。北半球夏至时，南半球冬至；北半球东至时，南半球夏至。以北半球为例：北半

球的夏至日昼长相当于南半球的冬至日夜长，南半球的冬至日夜长和北半球的冬至日夜长是相等的。所以，夏至日昼长等于冬至日夜长。

农谚 夏至定禾苗

夏至不间苗，必定抱空瓢

到了夏至节，锄头不能歇

夏至伏天到，中耕很重要，伏里锄一遍，赛过水浇园

进入夏至六月天，黄金季节要抢先

这几句农业谚语的意思是说，到了夏至节气，北方农村正是间苗、中耕锄草的大忙季节，农业生产进入黄金季节，样样都必须抓紧。

农谚 夏至一场雨，一滴值千金

进入夏至节气，玉米、高粱等农作物即将进入拔节、孕穗期，是农作物生长发育过程中第一需水高峰期。这时如果降雨，对农作物生长发育十分重要。

农谚 夏至不种高山黍，还种十天小红黍

小红黍，黍子的一个早熟品种，生育期（出苗至成熟）60～70 天。到了夏至，我国北方地区种什么作物都已经来不及了，唯有小红黍还可以种，能够成熟，但产量很低，亩（1 亩≈667 m^2）产只有 50 多 kg。是北方地区一个救灾品种。

农谚 夏至不起蒜，蒜在泥里烂

我国的大蒜生产，分为冬蒜区和春蒜区。基本上是以长城为界，长城以南为冬蒜区，大蒜在前一年 9—10 月（阳历）栽种，在地里越冬，第二年 5 月（阳历）收获；长城以北为春蒜区，大蒜在春分至清明栽种。春蒜区大蒜大致分两个品种，一种为紫皮蒜，在夏至前后收获，一种为白皮蒜，收获期比红皮蒜要晚些时间。

农谚 夏至三庚便入伏

“伏”，伏天；“入伏”，进入伏天。中国有干支历，即用天干、地支来纪年月日时的历法。天干、地支，简称为干支，源自远古时代对天象的观测。“甲、乙、丙、丁、戊、己、庚、辛、壬、癸”称为十天干，“子、丑、寅、卯、辰、巳、午、未、申、酉、戌、亥”称为十二地支。天干地支组成形成了古代纪年历法。十干和十二支依次相配，组成六十个基本单位，两者按固定的顺序相互配合，组成了干支纪元法。天干地支在中国古代主要用于纪日，如甲子日、乙丑

日、丙寅日、丁卯日等。而带有天干中“庚”字的，即为庚日。从夏至那天起算，排到第三个庚日时，这天就入伏了。一般立夏后 21～30 天入伏。

农谚 夏至有雨三伏热
夏至无云三伏热

这是两句关于气象预测的谚语，意思是夏至那天下雨或晴天，三伏天都是很热的。

农谚 夏至刮东风，半月雨里冲
夏至刮东风，鲤鱼塘里哭公公

这是两句关于气象预测的谚语，虽然前提是一致的，但预测的结果却相反。“雨里冲”，下雨较多。“鲤鱼塘里哭公公”，干旱。为什么会出现这种情况，一般认为是地域不同、地理位置不同、小气候不同所致。

农谚 夏至东南风，十八天后大雨淋
夏至东南风，平地把船撑
夏至东风摇，麦子坐水牢

这三句农谚意近。第一句是说，如果夏至那天刮东南风，18 天后下大雨；第二句是说，如果夏至那天刮东南风，雨水会很多很大；第三句是说，如果夏至那天刮东风，同样雨水会很多很大。

农谚 夏至西北风，十个棉铃九个空

如果夏至那天刮西北风，这一年棉花歉收。

农谚 夏至无雨，仓里无米

这句农谚释义有二：一是夏至那天无雨，这一年将是粮食歉收年；二是到了夏至节气，天气还没下雨，这一年将是粮食歉收年。

农谚 夏至有雨三伏热，重阳无雨一冬晴

这是一句关于气象预测的谚语。意思是说夏至那天如果下雨，三伏将是很热的；重阳节那天如果无雨，这年冬天将会是晴天多。

农谚 夏至逢酉三伏热，重阳遇戊一冬晴

这是一句关于气象预测的谚语。“逢酉”“遇戊”，参看“夏至三庚便入伏”注释。意思是夏至那天赶上带地支“酉”字的日子，这年三伏将是很热的；重阳那天赶上带天干“戊”字的日子，这年冬天将会是晴天多。

农谚 冬至饺子夏至面

北方的风俗：冬至那天吃饺子，夏至那天吃面条。

五、小暑

农谚 小暑大暑，淹死老鼠

进入小暑大暑节气，我国进入雨季，降水明显增多，故有“淹死老鼠”之说。

农谚 小暑不算热，大暑三伏天
小暑交大暑，热得无处躲

进入小暑大暑节气，是我国北方一年中最热的季节，尤其是大暑节气前后，已进入三伏天。

农谚 小暑大暑种荞麦，种完荞麦就种菜
头伏萝卜二伏菜

荞麦的生育期是（从出苗至成熟）60～70天，是生育期最短的一种农作物，因此作为救灾救荒的农作物进行播种，常在大旱之年（夏至以后才落接墒雨）或局部毁灭性雹灾、风灾之后播种，同时荞麦也是我国北方丘陵旱坡地栽种的一种作物，因此有“小暑大暑种荞麦”之说。而头伏、二伏节气，又是种植秋菜的季节，一般是头伏种萝卜、芥菜，二伏种白菜。

农谚 麦到初伏谷到秋

北方春麦区，进入初伏收获小麦，而谷子到了秋天才能收获。

农谚 六月六，看谷秀
六月六，打棉头
入暑不打尖，棉花别想见

这里的六月六，是农历的六月初六日。这个时候，我国北方春谷区谷子已经开始秀穗了，种植的棉花也开始“打头”。因为棉花只有打（掐）去头部，才能多分枝、多结棉球，才能获得高产。“入暑不打尖，棉花别想见”和“六月六，打棉头”是同一个意思。

农谚 小暑种芝麻，头顶一盆花

芝麻是早熟作物，因此晚播。小暑节气种芝麻，开花多、结籽多，能获得

丰收。

农谚 小暑前，草拔完

到了小暑节气，庄稼地里的杂草都要拔净，因为小暑进入雨季，如果杂草没有拔净，会迅速生长，影响庄稼的生长。

农谚 小暑热，果豆结；小暑不热，五谷不结
暑伏不热，五谷不结
大暑无酷热，五谷多不结

小暑节气到了，天气热了，气温高了，只有这样，才有利于农作物的生长发育。如果到了小暑节气，天气还不热，不利于农作物生长发育，不利于农作物获得高产。

农谚 小暑大暑三封土，高培土实防倒伏；培后浇水多增根，根多壮实不枯实

进入小暑节气，农作物田间管理培土阶段。农作物培土，有利于根系发育、防倒伏。

农谚 过伏不种秋，种秋也不收

“种秋”，即种植秋季作物，一般为萝卜、白菜等，这些作物必须在伏天内播种。前文“头伏萝卜二伏菜”即为这层意思。而过了伏天再来播种秋季作物，产量很低，且品质也不好。

农谚 小暑起噪风，日夜好天空
小暑天下火，来年雨水多
小暑西北风，鲤鱼飞上屋
雨落小暑头，干死黄秧渴死牛
小暑打雷，大暑破圩
小暑下几点，大暑没河堤
小暑南风，大暑旱

这是几句关于小暑、大暑节气气象预测的谚语。小暑那天如果刮干燥风，预示着将会出现几天晴朗天气；小暑那天如果天气特别热，预示着来年雨水较多；小暑那天如果刮西北风，预示着将会出现雨涝天气；如果小暑前一天下雨，预示着当年夏季干旱；如果小暑那天打雷下雨，预示着大暑时节雨水特别多，大水会冲破堤岸的（圩：堤）；如果小暑那天刮南风，预示着大暑时干旱。

农谚　小暑大暑不热，小寒大寒不冷

如果这年的小暑大暑不热，那么当年的小寒大寒节气不会很冷。

农谚　小暑怕东风，大暑怕红霞

小暑惊东风，大暑惊红霞

“小暑怕东风”，小暑前后 10 天之内如刮东风，则有台风来袭。“大暑怕红霞”，大暑前后 10 天之内出现红霞，表示台风来袭的预兆。

农谚　小暑过，一日热三分

小暑节气一过，气温大大地提高，一天热过一天。

六、大暑

农谚　大暑热不透，大热在秋后

大暑展秋风，秋后热到狂

如果这一年大暑节气天气不是很热，那么这一年秋天一定会很热；同样，这一年大暑节气展秋风（天气不很热，有点秋风凉的意思），那么这一年秋天一定会很热。

农谚　大暑连天阴，遍地出黄金

如果大暑节气出现连阴天（连日下雨），那么这一年一定是个丰收年。这是因为大暑时节，正值农作物拔节、孕穗期，是需水高峰期，这时雨水充足，有利于农作物生长发育。“有钱难买五月旱，六月连阴吃饱饭”（均指农历），也是这个道理。

农谚　大暑大雨，百日见霜

如果大暑这天下大雨，那么一百天后（霜降前后）就会出现秋霜了。

农谚　五月大忙站一站，十冬腊月少顿饭

五月猫猫腰，强似冬天跑三遭

这两句农谚，都强调了夏季田间管理的重要性。意思是说，如果夏季田间管理时“站一站”，就会减少收成；如果夏季田间管理时“猫猫腰”（弯腰劳作），就会“强似冬天跑三遭”。

七、夏日“九九歌”

一九到二九，扇子不离手；
三九二十七，吃茶如蜜汁；
四九三十六，争向路头宿；
五九四十五，树头秋叶舞；
六九五十四，乘凉不入寺；
七九六十三，夜眠寻被单；
八九七十二，被单添夹被；
九九八十一，家家备棉衣。

夏天是农家三忙的季节，更是一年中最热的季节。古代歌谣曾有：“五月炎蒸气，三时刻漏长。麦随风里熟，梅逐雨中黄。”民谚民谣中有“瓦块云，热死咯人；天上过羊群，地上汗淋淋；天上鲤鱼斑，晒谷不用翻；小暑接大暑，闷热火上煮。”正因夏热之长，故夏季又有“长夏”“炎节”的别称，也促成了我国古代的民谣“夏日九九歌”的产生。

大约自宋代起，我国大江南北民间亦流传着“夏日九九歌”，即从夏至开始，每隔九天为一个“九”，用歌句逐日记录“九”的进程及气温变化情况，九九八十一天之后，暑消秋凉。与“冬日九九歌”一样，“夏日九九歌”亦是用民谚的形式记录夏季物候的变化，吟读起来通俗押韵，很有趣味。

古代的苏、浙、赣、皖一带，已有不少“夏日九九歌”流传，它用当地民间谚语，反映各地的气候、物候、农事等不同特点，词义则大同小异。如宋人陆泳撰著的《吴下田家志》中就载有《夏至九九歌》：“夏至入头九，羽扇握在手；二九一十八，脱冠着罗纱；三九二十七，出门汗欲滴；四九三十六，浑身汗湿透；五九四十五，炎秋似老虎；六九五十四，秋凉进庙寺；七九六十三，夜眠寻被单；八九七十二，被单换夹被；九九八十一，家家找棉衣。”至清代民国时，老北京民间亦盛行流传“夏日九九歌”，其歌词为：“一九至二九，扇子不离手；三九二十七，冰水甜如蜜；四九三十六，争向街头宿；五九四十五，头顶秋叶舞；六九五十四，乘凉勿太迟；七九六十三，床头寻被单；八九七十二，思量盖夹被；九九八十一，阶前鸣促织。”这首“夏日九九歌”，生动形象地反映出从夏至节后经小暑、大暑、立秋、处暑到白露的天气变化，以及各个节气对人们生产生活的影响，并告知人们当随时令变化，注意身体的保健养生。

第四节　秋

一、立秋

农谚　立秋忙打靛

“打靛”是打草料的意思。立秋过后，草一般都熟了，这时的草最适合做饲料，人们会把这些草捆起来留着给牲口过冬用。也就是说，到了立秋，天气转冷，人们要忙着打草料了，留着给牲口过冬。

农谚　秋不秋，七月二十头

一般年份，都是在农历七月二十日左右立秋，有闰月的年份例外。

农谚　立秋前后逢七夕

“七夕”，即农历的七月初七，立秋即在七夕前后。此句农谚与上句意思相近。

农谚　立秋不立秋，芋子窠里看历头

这句农谚意思是说，立秋后芋子开始开花。所以，是不是立秋，从芋子塘里就可以看出来。

农谚　六月立秋，早的收，晚的丢

如果这一年农历六月立秋，那么早播的农作物就会收成很好，而晚播的农作物就会收成差。这是因为农历六月立秋，秋霜会来得早，而晚播的农作物会因此不能完全成熟，因此就会收成差。

农谚　七月立秋慢溜溜，六月立秋快加油

这句农谚与上句意思相近。意思是说，如果农历七月立秋，农作物生长会正常，按常规进行管理即可；如果农历六月立秋，秋霜会来得早，而晚播的农作物会因此不能完全成熟，要加强田间管理。

农谚　朝立秋，凉飕飕；暮立秋，热到冬
早立秋，冷飕飕，晚立秋，热死牛

这要看立秋的具体时间。如果立秋那天立秋的具体时间出现在早晨，那么这一年的秋天气温比较低；如果出现在晚上，那么这一年的秋天气温就比较高。

农谚 秋里十日伏，伏里十日秋

秋后一伏

这两句农谚，意思是一样的，就是说立秋之后还有十日伏天（一伏为10天）。

农谚 立秋天渐凉，处暑谷见黄

立秋十天遍地黄

立秋十天动刀镰

在我国北方，立秋以后到处暑，一些早熟作物如早熟谷子、黍子、糜子、莜麦等，逐渐进入成熟期，开始发黄了，快要收割了。

农谚 立了秋，把头揪

立秋棉管好，整枝不可少

这两句农谚是说，华北地区种植的棉花，立秋前后的管理要点是打头、整枝。

农谚 立夏栽茄子，立秋吃茄子

指我国北方露地栽植茄子和茄子上市的时间。

农谚 立秋不起蒜，必定散了瓣

我国东北地区栽植的大蒜均为春季栽植，其品种有两大类：一类为紫皮蒜，生育期较短，在小暑前后收获；一类为白皮蒜，生育期较长，在立秋前后收获。

农谚 立秋种芝麻，老死不开花

我国北方地区立秋种的芝麻，由于生长期已经很短了，所以产量很低，而且成熟度也不好。

农谚 立秋过后，还有秋老虎在一头

“秋老虎”，秋季还很炎热的气候。我国华北地区，立秋之后，还会有很长一段炎热的气候。

农谚 立了秋，扇子丢

立秋之日凉风至

早上立了秋，晚上凉飕飕

立秋一场雨，夏衣高捆起

立秋后三场雨，夏布衣裳高搁起

一场秋雨一场寒，十场秋雨要穿棉

以上几句农谚，说的是我国华北北部、东北地区立秋以后天气逐渐变凉，尤其是秋雨之后天气变凉更快的气候特点。

农谚　立秋荞麦白露花，寒露荞麦收到家

立秋时节播种的荞麦，到白露开花，到寒露收获，全生育期（播种至收获）60 天左右。

农谚　立秋胡桃白露梨，寒露柿子红了皮

立秋摘花椒，白露打胡桃；霜降摘柿子，立冬打软枣

“胡桃”，即核桃。以上两句农谚，意思是我国华北地区花椒、核桃、梨、柿子、软枣的成熟和采摘的时间。

农谚　立秋下雨人欢乐，处暑下雨万人愁

立秋无雨是空秋，万物历来一半收

立秋节气，大多数农作物处于灌浆期，这时下雨，有利于农作物灌浆，使籽粒饱满而增产；而处暑节气下雨，会使农作物“返青”，造成成熟期推后，易遭早霜冻危害。第二句农谚与第一句农谚意思相同，即立秋节气不下雨，严重影响农作物灌浆，造成减产（一半收）。

农谚　立秋有雨一秋吊，吊不起来必定涝

秋吊，即秋旱的意思。这句农谚意思是说，立秋那天如果下雨，不是秋旱就是秋涝。

农谚　秋前北风马上雨，秋后北风无滴水

立秋无雨秋干热，立秋有雨秋落落

立秋晴一日，农夫不用力

这三句农谚，是关于立秋天气情况与相关的天气预测、年景预测。第一句是说，如果立秋以前刮北风，很快就会下雨；如果立秋以后刮北风，便不会下雨。第二句是说，如果立秋那天无雨，整个秋季气温偏高；如果立秋那天下雨，整个秋季雨水偏多。第三句是说，如果立秋那天是晴天，年景会很好。

农谚　立秋拿住手，还收三五斗

立秋季节仍要加强田间管理，会使产量增加三五斗。斗：中国民间常用的容量单位。1 斗粮食约重 40 kg。

二、处暑

农谚 处暑天还暑，好似秋老虎
处暑天不暑，炎热在中午

这两句农谚是说，处暑节气，我国北方大部分地区天气还很热，尤其是中午，天气会更热。

农谚 山区怕处暑，平川怕白露

我国东北地区一些高寒山区，处暑节气就要下霜了；而平川地区到了白露节气，也要进入下霜的季节了。

农谚 处暑见三新

我国华北、东北地区，到了处暑节气，一些新的粮食作物即将成熟，就要收获了，农民又见到一年的新粮了，如早谷、黍、胡麻等。“三新”，指新的粮食。

农谚 处暑雨，粒粒皆是米
处暑里的雨，谷仓里的米
处暑若还天不雨，纵然结籽难保米

上面三句农谚，说明了处暑下雨的重要性。处暑节气，农作物正值灌浆期，这时下雨，有利于农作物灌浆，达到籽粒饱满；而处暑节气不下雨，天气干旱，影响农作物灌浆，造成减产。

农谚 处暑谷渐黄，大风要提防
处暑满地黄，家家修廪仓

这两句农谚，说处暑节气应该注意的事情，一是要提防大风，二是要维修粮仓。“廪仓”，也称仓廪，是盛粮食的仓库。

农谚 处暑三日割黄谷
处暑十日忙割谷
处暑收黍，白露收谷
处暑不拿镰，没有十日闲

进入处暑节气，北方地区即将要割地了。一般先割糜黍、早谷等早熟作物，然后就开始收获大田作物了。

农谚 处暑杀麻

麻，这里指大麻。大麻的用途，籽粒用于榨油，茎秆上的纤维韧性很好，主要用于纺绳。处暑节气收获的大麻，主要是用它的纤维纺绳。大麻在收割前，用木刀削去它全部的叶子，俗称“杀麻”，然后从根部割下来，打成捆，放在水里沤制。沤制 7～10 天后捞出晾干，农闲时扒下其纤维，备用。

农谚 处暑点荞，白露看苗
处暑荞麦不用肥
处暑荞，白露豆，不要误时候

我国华北地区南部、黄淮地区、长江流域，到了处暑节气，还可以抢种一季荞麦或杂豆，以提高土地利用率和光能利用率，多生产粮食。

农谚 处暑落了雨、秋季雨水多
处暑雷唱歌，阴雨天气多
处暑一声雷，秋里大雨来
处暑不下雨，干到白露底

以上四句农谚，是处暑节气的天气和有关的气象预测。如处暑节气那天打雷或下雨，预示着秋季雨水多；而处暑节气那天不下雨，预示着秋季干旱。

农谚 处暑早，秋分迟，白露种麦正合时

这是一句流传在宁夏的农谚，意为在宁夏地区，白露节气是种植冬小麦合适的时间。

农谚 处暑秀出头，粮食仓外流
处暑不出头，是谷喂了牛
处暑不出头，拔了喂老牛
处暑不抽穗，割了当铺睡

以上四句农谚，是处暑节气农作物的长相和产量的关系。如处暑节气农作物已抽穗，象征着能够正常成熟、获得丰收；如处暑节气农作物尚未抽穗，那么这些农作物不会成熟，只能喂牛、铺床用了。

农谚 立秋处暑七月天，防治病虫管好棉
处暑蕾有效，秋分花成桃
处暑见新花
处暑开花不见花
处暑花，不归家

这是几句处暑节气和棉花生产的农谚。“立秋处暑七月天，防治病虫管好棉”是河南省的一句农谚，意为处暑节气要注意防治棉花的病虫害。“处暑蕾有效，

秋分花成桃”“处暑见新花”“处暑开花不见花”是河北省的农谚，意为处暑节气的棉蕾能正常结棉，处暑时棉花仅仅是花，还不会有棉絮。“处暑花，不归家”则是河北北部、辽宁南部的农谚，意为处暑节气刚开花的棉花，已经不会正常成熟了。

农谚 处暑节气抓紧管，霜降之前夺丰产

处暑节气，仍然要抓紧田间管理，这样才能在收获之前（霜降之前）获得丰产。

三、白露

农谚 白露秋分夜，一夜凉一夜
一场秋风一场凉，三场白露一场霜

到了白露至秋分，北方地区气温逐渐下降，尤其是到了夜间气温更低了。过了白露，有些地方就要下霜了。

农谚 白露身不露，寒露脚不露
白露白露，四肢不露
白露身勿露，免得着凉与泻肚

到了白露节气，由于气温降低，人们为了免得着凉，大多数人们，尤其是农村的人群，已穿上长衫；到了寒露，人们普遍穿上长袜了。

农谚 过了白露节，夜寒日里热

过了白露节，尽管夜里冷凉，但白天气温还是比较高的，是一年中昼夜温差比较大的季节。

农谚 白露早，寒露迟，秋分种麦正当时
白露霜冻，秋分麦入土
白露麦，顶茬粪
白露种高山，寒露种河边
白露种高山，秋分种平川
白露种高山，秋分种河湾
白露种高山，寒露种平地
白露种高山，秋分种平川，寒露种沙滩
白露种高山，秋分种半山，寒露种平川

以上几句农谚，是指我国华北广大地区种植冬麦的最佳时间。由于我国华北

地区地域广大、小气候千差万别，因此，各地种植冬麦的具体时间不尽相同，但总体是在白露、秋分、寒露三节气之间。

农谚 白露不秀，寒露不收

白露庄禾不低头，割了喂老牛

这两句农谚，是指华北北部、东北大部，到了白露节气农作物尚未抽穗或刚刚抽穗而未灌浆，这样的农作物不会有收成。

农谚 白露动刀镰，秋分无生田

白露收黍子，秋分收谷子

白露谷，寒露豆，花生收在秋分后

麦到芒种秫到秋，黄豆白露往家收

“秫”，泛指高粱。以上几句农谚，指北方地区农作物的收获时间。一般地说，到了白露时节，华北北部、东北一部开始秋收了；到了秋分时节，秋收全面开始了。由于地区不同，各种农作物的收获时间也不尽相同。

农谚 白露晴三日，砻糠变成米

白露风兼雨，有谷堆满路

白露有雨霜冻早，秋分有雨收成好

白露下一阵，旱到来年五月尽

“砻糠”，指稻谷经过砻磨脱下的壳。以上几句农谚，指白露节气和年景预测、气象预测的关系。由于我国北方地域广阔，各地的经验亦有不同。如前两句是说白露那天晴天或“风兼雨”，均为丰收年景；第三、第四句，指白露节气有雨和气象预测的关系。“五月”，俗指农历。

四、秋分

农谚 秋分秋分，昼夜平分

二八月，昼夜平

以上两句农谚，意为秋分节气白天和黑夜时间相等。

农谚 白露早，寒露迟，秋分种麦正当时

秋分到寒露，种麦不延误

勿过急，勿过迟，秋分种麦正当时

秋分前十天（种麦）不早，秋分后十天（种麦）不晚

以上几句农谚，是指我国华北广大地区种植冬麦的最佳时间。由于我国华北地区地域广大、小气候千差万别，因此，各地种植冬麦的具体时间不尽相同，但总体是在白露、秋分、寒露三节气之间。

农谚 秋分（种麦）麦粒圆溜溜，寒露（种麦）麦粒一道沟

这句农谚是说，在某些地区，秋分节气种麦籽粒饱满，高产；而到了寒露节气种麦，籽粒瘦瘪，低产。这说明种麦时间的关键性。

农谚 过了秋分节，生熟一起收

秋分无生田，准备动刀镰

秋分不割，霜打风磨

到了秋分节气，北方大部分地区气温下阵，有些地方夜间温度下降到0℃以下，出现霜冻，农作物停止生长。因此，到了秋分节气，大部分农作物都要收割了。

农谚 三春不得一秋忙

秋忙秋忙，绣女出了闺房

这两句农谚，说明了秋收的重要性，意为忙了一年了，现在粮食收成了，要抓紧时间收回来，不要有损失。俗语也有“霜口夺粮”“风口夺粮”之说。

农谚 秋分种，立冬盖，来年清明吃菠菜

秋分种小葱，盖肥在立冬

这两句农谚是说华北地区中、南部种植冬菠和小葱的时间及盖肥越冬的时间。

五、寒露

农谚 寒露不算冷，霜降变了天

寒露节气，天气还不是很冷。霜降，隶属秋天的最后一个节气，秋天向冬天过渡的开始，霜降后天气逐步向冬天靠近。

农谚 寒露到霜降，种麦日夜忙

秋分早，霜降迟，寒露种麦正当时

寒露到霜降，种麦莫慌张；霜降到立冬，种麦莫放松

寒露畜不闲，昼夜加班赶，抓紧种小麦，再晚大减产

品种更换，气候转暖，寒露种上，也不算晚

秋分种蒜，寒露种麦

寒露时节人人忙，种麦、摘花，打豆场

上午忙种麦，下午摘棉花

以上几句农谚，是指黄河以南的河南、安徽、陕西、山东、江苏等地区种植冬小麦的时间，其中一些地方开始采摘棉花。“打豆场”，大豆收割了，开始打场了。打场，把农作物摊晒在场上，用畜力或机械牵引石磙碾压，使粮食籽实从秸秆上脱粒下来。

农谚 寒露百草枯，霜降收菜蔬

寒露一到百草枯，薯类收藏别迟误

到了寒露收甘薯

寒露不打烟，霜打别怨天

寒露收豆，花生收在秋分后

豆子寒露使镰钩，地瓜待到霜降收

寒露不刨葱，必定心里空

“打烟”，收获烟叶。“刨葱”，用镐头收获大葱。“使镰钩”，用镰刀收割。到了寒露节气，北方大部分地区气温明显下降。是收获烟叶、大葱、薯类等的季节；而华北南部，则是收获冬麦下茬大豆的季节。而一些地方，花生、地瓜、部分蔬菜的收获还要迟一些。

六、霜降

农谚 霜降见霜，立冬见冰

霜降见霜，小雪见雪

霜降降霜始（早霜），来年谷雨止（晚霜）

到了霜降节气，北方大部分地区已经下霜了，俗称“早霜”，霜期一直延续到第二年谷雨前后。霜期的最后一场霜为“晚霜”，也称“终霜”。晚霜到早霜中间的时期，称为无霜期。

农谚 晚麦不过霜降

霜降前，要种完

这两句农谚，还是指冬麦的播种时间，是安徽、江苏南部一带。也就是说，

从白露到霜降的四个节气，为我国冬麦区从北到南陆续播种的时间，前后延续两个月。

农谚 霜降萝卜，立冬白菜，小雪蔬菜全回来
霜降起葱，菜收立冬
霜降拔葱，不拔就空
霜降不起葱，越长越心空

指到了霜降节气，不同地区收获不同品种蔬菜的时间。霜降收萝卜，立冬收白菜，是指华北北部；霜降收获大葱，则是指山东一带。

农谚 寒露过了霜降到，犁头挂在墙上了
霜降还行犁，抢耕十天地

在东北地区北部，到了霜降节气，土地已经封冻了，不能耕地了；而在华北地区，还能耕地。这说明我国北方地域辽阔，土地耕作时间不尽一致。

农谚 霜降晴，风雪少；霜降雨，风雪多
霜降无雨，暖到立冬
霜降下雨连阴雨，霜降不下一冬干
霜降无霜一冬干

以上几句农谚，是关于霜降当天天气对以后天气影响的预测预报。如果霜降那天天气晴朗，预示冬天风雪天气少；如果霜降那天下雨，则预示着冬天风雪天气多。同样，如果霜降那天没下霜，则预示着冬天风雪天气少，干旱。

七、关于秋季的其他农业谚语

农谚 立了秋，田间管理不能丢
处暑节气抓紧管，霜降之前夺丰产
立秋处暑忙打草，白露秋分正割田

以上三句农谚，说明秋季田间管理的重要性以及秋季打草、割田的时节。

农谚 三春不得一秋忙，打到囤里才算粮
八月秋忙，人人上场

秋季是农作物收获季节，也是一年中农业生产最忙的季节。这个季节，要收割、打场、秋翻秋汇，因此，要人人都忙起来。

农谚 八月暖，九月温，十月还有一个小阳春

这句谚语意思是说我国华北地区秋后还有一段阳光充足、气温较高的时期。

农谚 二八月，乱穿衣

早穿棉袄午穿纱，围着火炉吃西瓜

这两句农谚指北方一些地区一天中的温差比较大，早上冷得穿棉袄，中午热得穿薄纱，像新疆、内蒙古等一些地方都有这一句农谚的。

农谚 秋后雨水多，来夏淹山坡

这是一句气象预测的农谚，意思是说，今年秋后雨多，明年夏天雨水也会多。“淹山坡”，雨水多的意思。

农谚 重阳无雨看十三，十三无雨一冬干

重阳无雨一冬晴

过了重阳节，返风就见雪

“重阳”，即重阳节，又称重九节，每年的农历九月初九日。重阳节是汉族传统节日，也是中国传统四大祭祖的节日。庆祝重阳节一般会包括出游赏景、登高远眺、观赏菊花、遍插茱萸、吃重阳糕、饮菊花酒等活动。重阳节早在战国时期就已经形成，自魏晋重阳气氛日渐浓郁，备受历代文人墨客吟咏。到了唐代被正式定为民间的节日，此后历朝历代沿袭至今。从 1989 年开始，农历九月九日被定为老人节，倡导全社会树立尊老、敬老、爱老、助老的风气。2006 年 5 月 20 日，重阳节被国务院列入首批国家级非物质文化遗产名录。

以上三句农谚，是有关重阳节的天气预测。“十三”，即农历九月十三日，重阳节的后四天。

第五节 冬

一、立冬

农谚 立冬北风冰雪多，立冬南风无雨雪

立冬那天冷，一年冷气多

立冬晴，一冬凌；立冬阴，一冬温

立冬无雪一冬晴

立冬有风，立春有雨；冬至有风，夏至有雨

以上是有关立冬天气和天气预测的农谚。第一句意思是如果立冬那天刮北风，这年冬季会下雪多；如果立冬那天刮南风，这年冬季会下雪少。第二句意思

是立冬那天冷、气温比常年低，那么第二年低温天气会偏多。第三句是说如果立冬那天是晴天，这年冬天会冷；如果立冬那天是阴天，这年冬天会温暖一些。第四句是说立冬那天不下雪，这年冬天会晴天多。第五句是说如果立冬那天风大，那么第二年立春那天会下雨；如果冬至那天风大，那么第二年夏至那天会下雨。

农谚 立冬若遇西北风，来年五谷丰
立冬晴，谷米堆得满地盛

这是两句有关立冬天气和年景预测的农谚，意思是说如果立冬那天刮西北风或是晴天，第二年会是一个丰收年。

农谚 霜降腌白菜，立冬不使牛
立冬不砍菜，就要受冻害
立了冬，麦不生

这三句农谚指我国北方一些地区收菜、腌菜、停止耕地（不使牛：停止耕地）、冬小麦冬眠、停止生长的时间。由于我国北方幅员辽阔，各地收菜、腌菜、停止耕地、冬小麦冬眠、停止生长的时间不尽相同。

农谚 冬季修水利，正是好时机

把冬闲变成冬忙，利用冬季打井、治河、兴修水利，为来年农业生产打基础。

农谚 季节到立冬，快把树来种
冬前栽树来年看，来年多长一尺半

北方一些地区，冬前也是可以植树造林的。

二、小雪

农谚 小雪雪满天，来岁必丰年

这是一句年景预测的农谚，意思是说，如果小雪那天下雪，预示着第二年是个丰年。

农谚 节到小雪天下雪

到了小雪节气，北方大部分天气气温降到零下，进入了冬季下雪的季节。

农谚 小雪封地，大雪封河
小雪封地地不封，大雪封河河无冰

“封地”，土地结冰了。“封河”，即大河小溪都结了冰，冰上渐渐地可以走人走大车了。这在东北的过去，确实是这样的。但近几十年来，由于气候变暖的缘故，东北的南部，小雪到了也不封地了，大雪过了也不封河了。

农谚 小雪不耕地，大雪不行船
小雪地不封，大雪还能耕
地不冻，犁不停

由于“小雪封地，大雪封河”，所以“小雪不耕地，大雪不行船”。在华北地区南部，由于小雪没有封地，所以还能耕地。总之，只要“地不冻”，就能耕地。

农谚 小雪大雪不见雪，小麦大麦粒要瘪

这是一句节气和年景预测的农谚，意思是说，如果到了小雪大雪天气还没下雪，那小麦大麦就要减产了。

农谚 小雪不起菜，就要受冻害
小雪不砍菜，必定有一害

这两句农谚，是指华北南部、山东、江苏一带秋白菜、秋甘蓝的收获时间。

农谚 到了小雪节，果树快剪截
时到小雪，打井修渠莫歇

到了小雪节气，要抓紧时间修剪果树。同时要把冬闲变成冬忙，利用冬季打井、修渠、兴修水利，为来年农业生产打基础，意思与前面“冬季修水利，正是好时机”两句农谚相同。

三、大雪

农谚 大雪下雪，来年雨不缺
大雪纷纷落，明年吃馍馍

这两句农谚是说大雪节气和第二年气候、年景预测的关系。第一句是说如果大雪那天下雪，来年雨水丰富。第二句是说，如果大雪那天下雪，第二年是个丰年。

农谚 冬雪一层面，春雨满囤粮
麦盖三层被，头枕馍馍睡
今冬大雪飘，来年收成好
今冬雪不断，明年吃白面
白雪堆河塘，明年谷满仓

上面几句农谚，意思是说今年冬天雪多，明年一定是个丰年。“三层被”，指

冬季下雪的次数多。“头枕馍馍睡”指丰年。这句农谚，采用了“比喻”“拟人”的写作手法。

农谚 今年麦子雪里睡，明年枕着馒头睡
今冬麦盖一尺被，明年馒头如山堆
雪在田，麦在仓
雪多下，麦不差
雪盖山头一半，麦子多打一石
今年的雪水大，明年的麦子好。
麦浇小，谷浇老，雪盖麦苗收成好
冬无雪，麦不结

以上这几句农谚，均指今年冬天雪多，明年小麦一定丰收；反之，“冬无雪，麦不结”，如果今年冬天雪少或不下雪，明年小麦歉收。“不结”，歉收的意思。

农谚 大雪河封住，冬至不行船

参看“小雪封地，大雪封河”农谚。

农谚 大雪晴天，立春雪多
大雪不寒明年旱
寒风迎大雪，三九天气暖

这三句农谚，都是流传在河北省的农谚，是关于大雪节气与天气预测关系的。第一句是说，如果大雪那天是晴天，立春后雨雪天气多。第二句是说，如果大雪那天不冷，明年将是干旱年份。第三句是说，如果大雪那天下雪，这年冬天将是暖冬，即“三九天气暖”。

农谚 大雪冬至雪花飞，搞好副业多积肥

冬季，要充分利用农闲时间搞好副业，以增加收入；还要多积造农家肥，争取明年农业丰收。

四、冬至

农谚 冬至暖，冷到三月中；冬至冷，明春暖得早
冬至下场雪，夏至水满江

这是两句关于冬至那天天气和气象预测关系的农谚。第一句是说如果冬至那天暖和，第二年春天是个冷春、倒春寒；如果冬至那天寒冷，第二年春天是个暖春。第二句是说如果冬至那天下雪，第二年夏至那天会下大雨。“水满江”，下大

雨的意思。

农谚 冬至西北风，来年干一春

冬至南风百日阴

冬至出日头，过年冻死牛

冬至多风，寒冷年丰

冬至天气晴，来年百果生

这几句农谚，依然是冬至节气那天天气情况和气象预测、年景预测的关系。第一句是说冬至那天如果刮西北风，预示着第二年春旱。第二句是说冬至那天如果刮南风，预示着有较长时间的阴天（“百日”：较长时间）。第三句是说冬至那天如果是晴天（“出日头”：晴天），除夕将会很寒冷。第四句是说冬至那天如果多风，这年冬季很冷，来年是个丰年。第五句是说冬至那天如果是晴天，来年将是一个丰年。“百果生”，丰收的意思。

农谚 冬至夜最长，难得到天光

冬至日转长，当日回三刻

“冬至”那天黑夜最长，白日最短；反之，“夏至”那天黑夜最短，白日最长。这是因为冬至那天太阳转到南回归线上，冬至以后，太阳开始向北转了，所以“冬至日转长，当日回三刻”；而夏至那天太阳转到北回归线上，夏至以后，太阳开始向南转了。

农谚 冬至数九

冬至那天开始“数九”，即进入“九天”。每一个“九天”有九个昼夜。整个冬天有九个“九天”，从“一九”“二九”依次排列到“九九”，计八十一天。关于“九天”的天气，参看“冬日九九歌”。

农谚 冬至不过不冷，夏至不过不热

冬至过，地皮冻破

冬至一到，一年中最冷的季节开始了，“地皮冻破”；而到了夏至，一年中最热的季节开始了，“夏至三庚便入伏”，进入伏天，是一年中最热的时候。

农谚 冬至是晴天，春节有雨雪；冬至有雨雪，晴天过大年

冬至雪，除夕晴；冬至晴，除夕地泥泞

冬至有雨雪，晴天过大年

阴过冬至晴过年

以上四句农谚，说的是冬至天气和除夕天气的关系。大体上的意思是说如果

冬至那天是晴天，除夕那天就是阴天或下雪；如果冬至那天是阴天或下雨，除夕那天就是晴天。

五、小寒

农谚 小寒节，十五天，七八天处三九天
小寒时处二三九，天寒地冻北风吼
小寒大寒，冷成冰团
小寒大寒，冻成一团
小寒大寒，人马不安
腊七腊八，出门冻煞
腊七腊八，冻死旱鸭
腊七腊八，冻裂脚丫
腊七腊八，冻死俩仨

以上几句农谚，是说小寒节气正处于“三九天”，而农历的腊月初七、初八日，也是这个时候，是一年中最冷的时候，所以有“小寒大寒，冷成冰团”“小寒大寒，冻成一团”“腊七腊八，出门冻煞”“腊七腊八，冻死俩仨”等说法。

农谚 小寒不寒，清明泥潭
小寒大寒寒得透，来年春天天暖和
小寒大寒不下雪，小暑大暑田开裂
小寒节日雾，来年五谷富

这几句农谚，是说小寒节气那天天气情况和气象预测、年景预测的关系。第一句是说小寒节气那天天气不寒冷，来年清明节气将会下雨。第二句是说小寒、大寒时节天气很冷，来年春天将是暖春。第三句是说小寒、大寒时节天气仍不下雪，来年小暑大暑时将会干旱。第四句是说小寒节气那天有雾，来年将是一个丰年。

农谚 腊月三场白，来年收小麦
腊月三场白，家家都有麦
腊月大雪半尺厚，麦子还嫌被不够

一般小寒、大寒节气，都出现在农历腊月，故以上几句农谚，都以“腊月”开头，实际上是小寒、大寒节气的象征。这几句农谚是说小寒、大寒节气下雪多，小麦丰收。“三场白”，三场白雪。

农谚 小寒大寒，准备过年

如上所说，一般小寒、大寒节气，都出现在农历腊月，所以说，过了小寒、大寒节气，就到春节了。但有些年份，小寒、大寒节气之后，还有立春，然后才过春节。

六、大寒

农谚 大寒年年有，不在三九在四九

小寒不寒大寒寒

大寒大寒，无风也寒

大寒到顶点，日后天渐暖

小寒不如大寒寒，大寒之后天渐暖

大寒节气，一般出现在每年“三九”“四九”期间，也是一年中最冷的季节。大寒以后，天气开始转暖。

农谚 大寒不寒，春分不暖

如果到了大寒节气天气仍不寒冷，那么到了来年春天天气不会很暖，即“年前不寒年后寒”的意思。

农谚 小寒大寒，杀猪过年

这句农谚意思与“小寒大寒，准备过年”相同。

（注：大寒的一些农谚，已在小寒的农谚中出现，故此处不多。）

七、冬季九九歌

九九歌是中国民间谚语，在中国传统文化中，九为极数，乃最大、最多、最长久的概念。九个九即八十一，更是“最大不过”之数。古代中国人民认为过了冬至日的九九八十一日，春天肯定已经到来。

一九二九不出手，三九四九冰上走，五九六九沿河看柳，七九河开，八九雁来，九九加一九，耕牛遍地走。（北京）

一九二九不出手，三九四九冰上走，五九六九河边看柳，七九河开，八九雁来，九九加一九，耕牛遍地走。（小学语文S版）

一九二九闭门插手，三九四九隔门喊狗，五九六九沿河看柳，七九河开，八九燕来，九九加一九，耕牛遍地走。（山西）

一九二九不出手，三九四九凌上走，五九六九，沿河看柳，七九河开，八九雁来，九九加一九，耕牛遍地走。（河北）

一九二九伸不出手，三九四九冰上走，五九六九沿河看柳，七九和八九，牛羊遍地走，九九杨落地，十九杏花开。（河南新乡）

“隔门喊狗”：因为天冷风大，不能开门，只能隔门喊狗，也有的地方称“掩门叫狗”。“凌”：即冰凌，意同冰。“杨落地”：杨絮开始飞扬，杨树即将长出嫩叶。不同地方流传的九九歌版本不尽相同，不过基本上都比较相似，同我们常说的“九九歌”一样，通过对环境或人类行为的描写，说明冬季气候的变化。意思为“一九二九”时，因为天冷，伸不出手来，只能把手插在袖筒里；“三九四九”时，天气更冷了，河水、湖水已经封冻，人们可以在冰上行走了；“五九六九”时，天气开始转暖，河边柳树已经出现微微绿色；“七九河开”，到了七九时，河水已经开始解冻，但东北地区由于天气很冷，也有“七九河开河不开”的说法；“八九雁来”，到了八九时，天气更暖了，大雁北归，也有地方称燕子飞回来了，同样，东北地区由于天气仍然很冷，也有“八九雁来雁不来”之说；“九九加一九”，农民开始种地了。

第二章　土壤与耕作

农谚　万物土中生，有土斯有粮

作物从土中生长，有土壤才有粮食，说明土壤是农业生产的基本要素。

农谚　以地力争天时

土壤肥力高，配合好的气候、自然条件，作物才能有高产。

农谚　顺天时，应地力，不误农时，适期耕耘

遵循气候规律，根据土壤肥力，在作物耕作时间内，适时进行各项田间管理。

农谚　庄稼要得成，年年三头等

庄稼想要有好的收成，需要经过秋耕、春种、夏管等田间操作才能获得秋收。种植庄稼不可偷懒，在每个时节要及时地进行相应的田间管理，方可获得收获。

第一节　黑　　土

农谚　白土热，黑土凉

“白土”，土壤的一种，土壤颜色发白，黏性较强。这种土壤温度偏高，在栽培过程中，易施入牛粪等冷凉性肥料。“黑土”，土壤的一种，指土壤有机质平均含量在3%～10%，特别利于包括水稻、小麦、大豆、玉米等农作物生长的一种特殊土壤，我国主要分布在黑龙江、嫩江一带，其他地区也有零星分布。这种土壤土壤地温偏低，在栽培过程中，易施入马粪、羊粪等偏热性肥料。

农谚　黑土长，黄土慢，白土不长

“黑土”具有有机质含量高、自然肥力高、结构良好等性状，易于作物生长。“黄土”以粉粒为主，主要矿物质为钙质，没有黑土肥沃，较黑土稍差。“白

土”具有很强的黏性、特殊的吸附能力和离子交换能力，不利于作物生长。

农谚 黄土发苗，黑土发籽

黄土保水保肥能力不强，升温较快，容易促进发苗。黑土养分充足、保水保肥力强、空隙适当、土温暖，容易促进种子发芽即发籽。

农谚 肥土又绵又油，瘦土又涩又苦

“绵”和“油”，分别指土壤的两种特性。油性，是指土壤具有良好的结构，综合肥力较高。绵性，是指土壤具有良好的结持性，土壤松散，团粒结构好。肥沃的土壤具有良好的绵性和油性，而贫瘠的土壤结构很差、肥力低。

农谚 一寸黑土一寸金

黑土质地疏松、肥力高、供肥能力强，很利于作物生长，可促使作物高产，形成很好的收益。此句是比喻黑土的价值很高。

农谚 黑油沙，黑油沙，百种土里数着它

“黑油沙”，是一种土层深厚、养分含量高、土壤结构好，非常利于作物生长的土种。在众多的土种里，它是佼佼者。

农谚 旱涝保收的岗岗洼，多打粮食的黑油沙

“岗岗洼”是洼地。洼地一般肥力较高，土壤持水性好，旱涝保收。“黑油沙”是混有沙土的肥沃的黑土地，沙土降低了黑土的黏性，使黑土地的耕作性更好，促进作物高产。

农谚 黑土土口松，耐旱不耐涝

黑土黏性高，渗透性低，有较强的保水能力，所以，旱季具有一定的缓冲能力，可耐旱，但是涝季容易出现涝害。

农谚 黑土性凉，劲在伏中

黑土属黏质土壤，升温慢，性凉，夏季入伏后地温得到充分提高，黑土中有益微生物活动，根系吸收速率等都得到提高，肥力得到充分发挥。

农谚 黑土爱长田

黑土具有深厚的腐殖质层，肥力高、性状好，非常有利于田间作物生长。

农谚 黑土有后劲，粮食颗儿圆

黑土地养分充足、保水保肥能力强，在植物生长的后期不会出现脱肥的现象，可以供给粮食成熟期所需的营养元素，使粮食籽粒饱满。

农谚 宁种黑土一窝，不种白土一坡

宁愿种一小块的黑土地，也不愿意种一大片的白土地，形象地表示出农民对黑土地的偏爱。

农谚 黑油土性热，长田不过小暑节

“小暑”时节一般在每年的7月7或8日，是天气开始变得炎热的时候。因为黑油土肥沃，性热，种植的作物进入生长旺季。

农谚 看去黑，踹去润，长得庄禾茁又嫩

这是一句形容黑土地的农谚：黑土地看上去黑黑的，踹一下湿润疏松，上面长得庄稼很健壮。

农谚 黑土带上沙颗颗，土质疏松水肥多

黑土里面混有沙砾的土地，土质较疏松，利于水肥的吸收。

农谚 黑沙是个宝，耐旱肥力高

黑沙土的具有良好的土壤团粒结构，保肥持水能力较强，使其具有很好的耐寒能力，土层深厚肥沃。

农谚 黑黄土，土层厚，长的粮食赛金豆
黑黄土，脾气绵，不冷不热爱长田

黑黄土的耕作层厚，土壤疏松，并具有理想的团粒结构，土壤的理化性状很适合作物生长，长出的粮食品质特别好。

农谚 黑垆土，肥力大，你要种啥它长啥
黑垆土里四两油，庄稼长得绿葱葱
种地要种黑垆土，养猪要养“黄瓜头”
买牛要买扒地虎，种地要种沙盖垆

黑垆土是典型的草原土壤，枯萎的青草不断地在土壤中积累发酵分解，形成了深厚的腐殖质层，深厚的腐殖质层使土壤具有很高的肥力和有机质以及理想的团粒结构，适耕性较强，很适合各种作物生长。所以在黑垆土上种地，就像养殖“黄瓜头”（指大头猪、大耳朵猪）的猪仔和“扒地虎”的牛一样，都会获得很好的收益。

农谚 有了十亩垆，多用一头牛

有 10 亩黑垆土地的时候，耕作要多用一头牛，形象地表示出黑垆土地的作物长势好、产量高。

第二节 黄沙土

农谚 黄土口松，耐伏不耐春

典型的黄土一般为黄灰色或棕黄色的尘土和粉沙细粒组成，质地均一，多孔隙，在干燥时较坚硬，具有多孔性、较强的透水性等特性。在中国的北方，夏天一般湿热，不会影响黄土地中作物的生长；而春天一般会出现春旱，黄土地的蓄水能力很差，水分散失也很快，作物会出现缺水的症状。

农谚 黄土轻，黄土热

指黄土结构疏松，容重小，空隙多，升温快的特性。

农谚 黄土耕性好，最喜多上粪

黄土疏松，利于耕作，但保肥保水性较差，因此要多施农家肥，不断提高土壤肥力，改良土壤结构。

农谚 前期见苗哈哈笑，后期见苗双脚跳

黄土地的保水保肥能力较差，农作物前期生长较好，后期可能会出现水肥供应不足或脱肥现象，不利于苗木生长。“哈哈笑”“双脚跳”形象地说明了农民的反应。

农谚 秆短粒少，苗苗细弱

由于黄土地有机质含量较低，肥力弱，所以长出的庄稼秆短粒少，苗苗细弱。

农谚 看一石，打八斗

黄土地的保水保肥能力很差，若追肥不及时，在作物生长的后期易出现脱肥现象。所以在前期生长旺盛的作物，理论上可以获得一石的收成，但是后期的脱肥，会影响作物的生殖生长，降低作物的产量，可能只会获得八斗的收成。

农谚 沙土生得强，日晒如烧炕

沙土疏松，易升温，太阳长期照射条件下，会使土壤持续升温，达到很高的温度。“如烧炕”是形容土壤的温度高。

农谚　黄沙土，土头薄，不保水肥

黄沙土性子松，蓄水保墒没本领

水从土下跑，叶黄穗儿小

漏水漏肥真难缠，黄得早，不耐旱

沙土不耐旱，天旱禾苗干

以上几句农谚意思相近。黄沙土质地均一，主要有尘土和粉沙细粒组成，结构疏松，具有多孔性和较强的渗透性，易造成水土流失，保水保肥能力差。干旱时节，作物易缺水。随着作物生长不断地消耗土壤中的养分，作物生长后期易出现脱肥现象，造成营养供给不足，使作物叶片黄化、籽粒不饱满。

农谚　雨停地干，十年九旱

指雨停了地就干了，形象地表示出黄土地土壤疏松、水易渗透和流失的特点。“十年九旱”表示黄土地上的作物很容易遭受旱灾。

农谚　犁时绵，耕时光，干时风刮心发慌

由于黄土的特性，犁地的时候土壤是湿润的，而耕作的时候土壤可能已经干燥了；在刮风时，易造成土壤流失，农民会比较担心。

第三节　鸡粪土

农谚　鸡粪土，不长田

鸡粪土，难长田，吃水强来难耕田

下雨苗儿难见面

鸡粪土上层土壤松散，下层土壤紧实坚硬，熟化土壤层浅，浅的可能不到10 cm，这是限制作物产量的主要障碍因素。鸡粪土吸水后易崩散为细块，吸收水分。因为底层较紧实，水肥不易渗透流失，造成上层水分聚集出现涝害，不易耕作和长苗；再加上鸡粪土的养分含量少、肥力低，很不利于作物的生长。

农谚　鸡粪土，最好辨：上软底硬夹白点

由于长期的淋溶和淀积作用，表层黏粒和大量石灰被雨水淋溶到心土底层淀积下来，因此，鸡粪土土底层黏粒和石灰含量高于表层，形成上层土壤松软，下层土壤紧实的特点。因为土体表面覆有较多的白色乳膜、胶膜状石灰淀积物，状似鸡粪，所以叫作鸡粪土。

第四节 胶泥土

农谚 胶泥底，能保墒，种上庄稼多打粮

胶泥土作为底层土壤的土地，由于胶泥土通透性差的特性，可以有效保水保肥，达到很好的保墒作用，有利于作物生长，提高产量。

农谚 胶泥地，土块大，口儿紧，耕不下

胶泥土具有很好的可塑性和结合性，易形成块状，并且在保持原水分基本不变的条件下会出现变稠和固化的现象，很难耕作。

农谚 下雨成胶，干旱成刀

下雨之后，胶泥土与水混合后会形成泥团；在干旱的条件下，颗粒间距会出现缩短，形成弓缩现象，并可保持性状不变，加上质地很硬，就像刀一样。

农谚 天涝难死牛，天旱像砖头

雨水很多的时候，胶泥土与水混合形成泥团，“难死牛”就是形容很难耕作；干旱的时候，胶泥土保持大块状性状不变，又硬，就像砖头一样。

农谚 日晒胶泥卷，风吹钢板板

太阳暴晒胶泥土时，由于失水出现弓缩现象，加上胶泥土矿物多为片状，会出现“胶泥卷”现象，风吹过，就像是吹在钢板板上一样。

农谚 遇水成泥，天晴成板，日晒成卷

指胶泥土的几个特性：胶泥土与水混合会形成泥团；天晴干燥后水分排出，可保持泥团形状不变，成为一块一块的；太阳暴晒下，胶泥土出现弓缩现象，又由于胶泥土矿物多为片状，就会出现“成卷”现象。

农谚 下雨一团泥，天旱拉断犁

胶泥土与水混合会形成泥团，干旱时可保持原状不变，呈块状，很难耕作。

农谚 宁种一亩坡上吊，不种十亩水中泡

这句农谚意思是说，宁愿种一亩坡地，也不愿意种十亩水中泡的地即胶泥地。因为胶泥地通透性很差，水很难渗透流失，所以容易出现涝害，即“水中泡”。

第五节 塘 土

农谚 天旱塘土扬，雨后地气凉
天旱塘土扬，下雨像米汤
耕时喜欢铲时笑，割了半天没个腰

“塘土”，是一种土壤，这种土壤结构非常松。天旱时，尘土飞扬；下雨后，土壤呈稀泥状。由于土壤结构松，容易耕作，但由于塘土有机质含量低，土质脊簿，所以耕种的农作物产量很低，即“割了半天没个腰”。

第六节 盐碱地

农谚 夏硬春绵，必定有碱

夏季雨水多而集中，大量可溶性盐随水渗到下层或流走，这就是“脱盐”季节。由于盐分高时，土壤结构被破坏，使土壤表层板结坚硬，此时应及时松土。春季雨水少而地表水分蒸发强烈，地下水中的盐分随毛管水上升而聚集在土壤表层。这是主要的“返盐”季节，土壤表层集聚一层白色的盐分。

农谚 下雨是稀泥，干了一层皮

盐碱地由于盐分多、碱性大，使有益微生物无法生存，土壤有机质遭到淋失，土壤结构受到了破坏，表现为湿时黏、干时硬，并且干旱时表层常有一层白色盐分积累。

农谚 盐碱地，碱水多，庄稼出来也难活

盐碱地中，盐分含量过高，提高了土壤溶液的渗透压，使植物根系不能从土壤中吸收足够的水分，还可能导致水分从根细胞外渗，出现生理干旱现象，作物很难生长，甚至会死亡。

农谚 天旱如擦粉，下雨如汗流

干旱时，白碱土的土壤下层水中的盐分随着蒸腾作用上升到土壤表层，水分蒸发掉，盐分析出，呈白色颗粒聚集在土壤表层，就像擦了一层粉。下雨的时候，由于盐碱土渗透性差，表面的盐分与雨水混合在表层流淌。“汗流”是形象的说法。

农谚 六月无雪遍地白，下场小雨人难过

由于六月的高温，田间蒸腾作用加剧，盐碱土的土壤下层水中的盐分随着上升到表层，水分蒸发，造成盐分的积累，出现田间白茫茫的景象。当土壤表层的盐分与雨水互溶后，直接造成土壤渗透压升高，作物极易出现生理干旱以及土壤pH升高造成的养分吸收困难等问题，影响作物的生长，此时农民当然会难过。

农谚 地里硬邦邦，早晨起白霜

由于代换性阳离子分散在盐碱土土壤中，破坏了土壤的物理性质，造成碱化淀积层不透水以及土壤坚硬。

农谚 天阴一滩泥，天晴起碱皮

盐碱土由于盐分多、碱性大，使土壤腐殖质遭到淋失，土壤结构受到破坏，天阴地湿时黏，像一滩泥。当天气晴朗时，由于蒸腾作用较强，水分蒸发，使盐分积累，地表就会出现一层白色盐分积淀。

农谚 下了春雨出黄水，表面板结裂口口

黑碱土是由黄碱土逐渐发展形成的。黑碱土的淀积层颜色呈现黄色和黑色，下雨后，雨水与淀积层土壤混合会呈现出黄色；当土壤干燥后，由于黑碱土土壤的结构严重破坏，有机质缺乏，使得土壤严重板结干裂。

农谚 下雨黑，天晴褐

天晴时盐碱土在土壤表层集聚，土壤中的盐分含有一定的碳酸钠，它能够在土壤溶液中部分离解，产生对作物特别有害的苛性钠。因为苛性钠是强碱，可溶解土壤表层中的有机质，就使土壤表层形成一层暗褐色。下雨天时，盐分随着雨水下渗被淋溶，土壤表层就会形成应有的黑色。

农谚 湿时难死牛，干时比砖头

盐碱土盐分含量高、有机质含量很低，土壤结构破坏严重，表现为湿时黏，土壤颗粒间的结合性好，很难耕作。土壤干燥时，出现板结干裂，土壤非常坚硬。

第七节 土壤改良与合理使用

农谚 冷土换热土，一亩顶二亩

“冷土”，一般是黏土类土壤，黏粒含量高，通透性差，难升温。“热土”，一般是沙土类土壤，含沙量高，通透性好，易升温。沙土类土壤相对于黏土类土壤，更易出苗，出苗率高。在土壤改良中，在冷土地施入热性肥料，可以有效地提高农作物单位面积产量。

农谚 黑土混黄土，一亩顶二亩

黄土疏松，利于耕作，但是易被流水侵蚀造成沉陷流失；黑土属黏质土壤，通透性稍差，但是保水保肥能力好。在土壤改良中，能够使黑土和黄土混合，即在黄土地中施入大量黑土，可以有效地提高农作物单位面积产量。

农谚 沙土培泥，好得别提

沙土的通透性好，但不保水保肥；胶泥土的通透性差，但是保水保肥能力高，将沙土和胶泥土按比例混合后，使土壤通透性和保水保肥能力得到改良，变成很适合作物生长的土质。

农谚 土换土，二石五

指土壤改良的重要性，是说凉性土壤和热性土壤混合，黏土和沙土混合，黑土和黄土混合，可以提高农作物单位面积产量。“二石五”，产量很高的意思，这里用的是夸张的手法。

农谚 黑土压沙土，一亩顶二亩

黑土通透性差，保水保肥能力好；沙土具有很好的通透性。所以，用黑土去改良沙土，有利于作物生长。

农谚 黏掺沙，肥力加

黏土保水保肥能力强，容易造成盐分积累，使根系周围的渗透压升高，不利于根系吸收营养元素，而且升温慢，有益菌和根系活动不强；沙土保水保肥能力很差，容易缺肥，但是地温升得快。当黏土和沙土混合时，优缺互补，有利于提高土壤中营养元素的吸收效率，间接地提高了肥力，使土壤达到很好的状态。

农谚 沙盖碱，赛金板

“沙盖碱”是一种盐碱土的改良方式，即客土压碱。客土就是沙土，沙土能改善盐碱地的物理性质，有抑盐、淋盐、压碱和增加土壤肥力的作用，可使土壤含盐量降低到不致危害作物生长的程度。“赛金板”，意思是作物高产，这里用的是夸张的手法。

农谚 盐随水来，盐随水去

由于蒸腾作用，土壤中的盐分随着地下水顺着毛细管到达土壤表层。盐分是以水为载体到达土壤的；下雨或灌溉时，盐分溶于水，会随着水流失或者淋溶。

农谚 伏里有雨碱自压

伏天里，天气炎热，蒸腾作用强烈，会导致大量盐分积累在土壤表层，但是当下雨时，盐分溶于雨水，会随着一起流失或淋溶掉，土壤表层的盐分就会大大减少，即“碱自压”。

农谚 及时耙，多次耙，雨后必须耙

松土的意义很多，促进根系呼吸、抑制有害菌的作用等。盐碱地及时松土，还有个重要的作用是抑制水分沿毛细管上行至土壤表层蒸发，进而减少下层盐分在土壤表层的积累。下雨后，有些盐分随着雨水淋溶，到了地下水中，由于雨后地下水位上涨，若天晴后不及时松土，蒸腾作用加强，又会导致盐分重新回到地表。所以，盐碱地里，雨后一定要松土。

农谚 沙盖垆，赛如油

在土壤改良中，用沙土去改良黑垆土，可以有效地防治水肥的渗透和流失，起到保水保肥的效果，弥补了沙土的不足，改善了土壤结构，提高了肥力。

农谚 黄土黑盖面，年年多出产

黄土主要由极小的粉状颗粒组成，而在干燥的气候条件下，颗粒之间结合得很不紧密，所以吹风时很容易流失。下雨时，黄土很容易沉陷，造成水土流失。当其表面覆一层黑土时，可以有效地防止这些现象，稳固其土壤结构，将黄土地改良成丰产的田地。

农谚 黄土轻，黑土重，黑黄土里把麦种

黄土结构疏松，黑土结构紧密，黄黑土混合，性状相互补充，兼有两者的优良特性，耕性好，利于作物的生长。

农谚 沙盖垆，笑面虎，又肯长来又不僵

沙土与黑垆土混合，使黑垆土变得疏松，降低了其黏性，解决了黏质土壤干旱易板结的问题，更加有利于作物的生长。

农谚 远淤垆，近淤沙，淤下河泥如浇油

用洪水去灌溉远处的垆土地和近处的沙土地，可以使洪水中丰富的有机质随洪水中的淤泥留在土壤中，增加了土壤肥力，就像浇了油一样。

农谚 洪水积满堂，秋收多打粮

“引洪移灌”是一种有效的土壤改良措施，即在农作物生长后期引入洪水灌溉。由于洪水中含有丰富的有机质，这些有机质随洪水中的淤泥留在土壤中，增加了土壤肥力，秋收多打粮食。

农谚 赖地改良，变成米仓

贫瘠的土地经过合适的改良之后，就会变成适宜作物生长的优良土壤。

农谚 好地种面，碱地种蛋

不同的土壤类别，要选择合适的作物种植，因地适种。优良的土壤可以种植小麦等作物。盐碱地可以种植薯类等合适的作物。

农谚 沙地荒，淤地光，碱地坷垃养

一个坷垃一碗油，碱地保苗不发愁

盐碱地不怕坷垃荒

碱地的坷垃，娃娃的妈妈

盐碱地里不用担心坷垃多，因为地表的一层土坷垃，可以有效地阻断土壤下层盐分上升到表层的毛细管通道，减少耕作层的盐分积累，有利于作物的生长。

农谚 争犁不争耙，碱地造坷垃

犁地是以翻土为主要功能的土壤耕作方式。耙地是在犁地后，将土块打碎，使表层土壤平整的土壤耕作方式。盐碱地的其中一个特性，即是通过毛细管将土壤下层的盐分输送到土壤表层，而犁地后的土坷垃可以阻断这种现象。犁地后再耙地反而又疏通了从土壤下层到土壤表层的毛细管通道。因此，盐碱地只犁不耙。

农谚 热沙压淤滩，一亩地顶二亩田

淤滩土是河流沉积物形成的，黏质土壤，保水保肥能力强，但是耕性差，当与沙土这种结构疏松、保水保肥能力很弱的土一起时，达到了改良土壤的目的，

可使低产田变成高产田。

农谚 沙子压碱土，保苗不用补
碱地上沙如泼油
碱地铺沙顶上粪
碱地铺沙，种啥长啥

以上几句农谚，是说盐碱地的改良。利用客土，比如沙土，来改善盐碱土的土壤结构，提高土壤渗透性，抑制反碱，有效排碱，将盐碱地改良成适合作物生长的土壤，利于出苗。

农谚 碱地用水灌，碱气向下串

大水灌溉盐碱地时，地表的碱分会随着灌溉水通过毛细管向下渗透到土壤下层。

农谚 伏里的雨，肥田压碱

伏天里，温度高，蒸腾作用强，土壤下层的盐分易在表层积累，影响作物生长。当下雨时，土壤表面的碱分会随着雨水通过毛细管向下渗透到土壤下层或者流失掉，使根系周围的盐分含量在适宜作物生长的范围，有效地提高根系对营养的吸收效率。

农谚 碱地生硝，开沟种稻

当盐碱地的盐分含量非常高，会严重阻碍作物的生长的时候，可以在盐碱地里开沟种植水稻进行洗盐，降低土壤中的盐分含量。

农谚 碱地要种好，稻旱两相交

盐碱地中采用稻田和旱田轮作的种植方式，有利于作物的出苗和生长。盐碱地里开沟种植水稻进行洗盐。土壤中的盐分含量降低后，下一茬可以种植旱作作物。旱作作物收获后，土壤盐分积累，含量升高，再利用水稻种植洗盐，如此循环。

农谚 要吃碱地饭，就得拿粪换

农家肥在分解转化时会形成各种腐殖质，能够促进土壤形成团粒结构。水分通过土壤空隙进入土壤内部，可增强土壤的透水性能；水分还可以通过团粒内部的小空隙吸收储存起来，具有良好的保水保肥能力。腐殖质还可以提高土壤的缓冲能力，并可能形成腐殖酸钠，降低土壤碱性。盐碱地里，施用农家粪，可以有效地改良盐碱地，有利于作物生长。

农谚 干碱压草，水碱拉沙

经常干旱的盐碱地，表层覆草，可以有效防止土壤中水分的蒸发，起到保墒作用。雨水较多的盐碱地，可以使用沙土来改良盐碱土的土壤结构，防止植物根系长期浸泡在高渗透压的土壤环境中，以促进盐分的下渗和流失。

农谚 碱地种葵花，旱涝都不怕

向日葵对土壤要求不严格，在各类土壤中均能生长，具有较强的耐盐碱能力，还兼有洗盐性能，并具有较强的耐旱和耐涝性，非常适宜盐碱地种植。

农谚 种碱地无巧，勤劳是一宝

盐碱地种植作物时，没有捷径可走。盐碱地较难管理，要勤劳，不可偷懒耍滑。

农谚 碱地抓住苗，收成准牢靠

盐碱地中出苗比较困难，只要抓住苗，就会有较好的收成。

农谚 碱地两怕：蝼蛄串、碱性拿

蝼蛄为多食性害虫。蝼蛄成虫和若虫在土中咬食刚播下的种子和幼芽，或将幼苗根、茎部咬断，使幼苗枯死，受害的根部呈乱麻状，使农作物大幅度减产。而盐碱地，蝼蛄发生比较严重，要注意防治；同时，土壤中的碱分被锁在地里，无法流失，使土壤长期处在高渗透压的环境中，不利于作物生长。

农谚 碱地种黍，缺苗三成不用补

在盐碱地里种植黍，只有七成的出苗率的时候，可以不用补苗，因为盐碱地里只要立苗，就会有一定收成。

农谚 淤压沙，一顶仨

淤泥土和沙土混合后，兼具有二者的优良性状，同时对不足进行互补，使土壤具有很好的耕性，并且保水保肥能力和土壤通透性都得到改善，可以把低产田改良成高产田。

农谚 淤泥一寸，赛如上粪

淤泥里含有大量的动植物残体，自然发酵后成为对作物生长有利的营养元素、有机质等，甚至比上粪的效果还要好。

农谚 今年洪水灌，明年粮满仓

洪水可以充分淋溶土壤中的盐分，改良土壤的酸碱性。洪水过后，植物和动物的残体留在田间，经过长时间的分化、发酵、分解，可以提高土壤中有机质的含量、提高肥力，土壤结构得到改良，创造了适合作物生长的土壤环境，为来年获得丰收奠定了基础。

农谚 要想沙变好，粪肥离不了

沙地太多疏松，不保水保肥，易脱肥，需要及时适当的施用粪肥，补充沙地中的营养并提高有机质含量，使沙地更利于作物生长。

农谚 黏地多铺沙，打粮定不差
黏地铺沙赛上粪

黏土地虽然养分充足、有后劲，可是黏粒含量很高，通透性差，易使土壤板结。与沙混合后，可以适当地增加黏土地的通透性，使土壤更加疏松，提高根系活力，更有利于营养元素的吸收利用，并且耕作性好，利于作物出苗和生长。

农谚 黄土到了黑土地，沙黏混合更得力

黄土属于沙土类土壤，营养缺乏，不保水保肥，易流失和脱肥。黑土属于黏土类土壤，养分充足，但是通透性差，水肥积累在土壤中不易流失。当黄土和黑土混合后，土壤能透性和养分情况得到互补，提高了土壤耕性，改良了土壤性状。

农谚 胶泥地，黏性强，深翻施肥能改良

胶泥地的黏性非常强，耕作性差。通过深翻使土壤疏松，不至于板结，易出苗。在此基础上配合施肥，可以提高土壤中植物必须营养元素的含量，使植物生长有后劲，改善土壤贫瘠的情况。

农谚 要种涝洼塘，开沟第一桩

涝洼塘地容易积水，根系浸泡在水中易腐烂，并且会使土壤中氧气含量降低。在缺氧环境中，有害菌滋生，有益菌死亡，严重影响作物的生长。在田间开水沟可以有效解决涝洼塘地积水现象，田间的积水通过水沟排出，不至于出现涝害。

农谚 淤起涝洼地，土高水变低

涝洼地的地势一般偏低，用淤土将涝洼地垫高，提高了地势，不会再出现积

水现象，雨水和灌溉水会被及时排出。相比较而言，地下水位就降低了，有利于作物生长。

农谚 洼地种玉米，先向坡上挤

玉米根系发达，但是不耐涝，由于洼地中部因为排水不良易积水，易出现涝害，所以，在洼地种植玉米时，易优先种植在洼地凸起的坡上。

农谚 山地要增产，水土保持是大关

由于丘陵地水土流失严重，所以丘陵地种植作物时，要解决的头号问题就是水土保持的问题。现在一般是采用梯田或台地种植，减少水土流失。

农谚 山地要增产，整地最当先

丘陵坡地一般坡面陡、土层浅、作物生长必需的营养元素匮乏，有机质含量低。所以，山地在种植作物之前，必须要先整地，进行土壤抗蚀性和提高养分等方面的改良。

农谚 黑土玉米黄土麦，沙地土豆真不赖

种植作物时，要根据作物的生长习性和土壤类型，选择合适的土壤进行耕作，才能获得最大的收益。玉米根系发达，要从土壤中吸取大量的水分和养分，黑土地肥沃，养分充足，保水保肥能力强，适合玉米的生长。小麦的根系较深，需耕层松软，养分充足，而黄土疏松，利于根系下扎，及时补充水肥和有机质，就会满足小麦生长的需要。土豆地下薯块的形成和生长需要疏松透气的环境，利于薯块的膨大，而沙地能透性好，很适合土豆生长。

农谚 阴坡豌豆阳坡黍，高山莜麦堆成堆
阴坡谷子阳坡黍，荞麦种在高山地

谷子、豌豆性喜阴凉，不耐热，对日照长短要求并不严格，阴坡阴凉的环境能适合它们的生长。黍喜阳光，适于干燥土壤生长，适合种植在阳光比较充足的阳坡。荞麦、莜麦喜寒冷，耐干旱，很适合山区、高原种植。不同的作物具有不同的生长习性，对光照和温度的要求就会不一样，要选择适宜的环境进行种植。

农谚 玉米高粱川台地，糜黍种在山腰里

坡地种植时，要根据作物的生长习性，合理地分配栽种的区域。玉米、高粱对水肥的需求较高，需要频繁地浇灌和施肥，适宜种在平川和台地，糜黍适于在贫瘠干燥的土壤上生长，对水肥的需求很少，管理简单，易种植在山坡地。

农谚 土垫一寸，强似上粪

丘陵坡地，由于土层簿，肥力贫瘠。如果在改良时在地面上铺上一层较肥沃的客土，将大幅度地提高土壤肥力，如同施了农家肥一样。

农谚 洼地种洼田，没有不丰年

“洼地种洼田”是一项解决洼地低洼易涝现象的有效的耕作措施。洼地若种旱田作物，发生涝害，会造成颗粒无收，但若种植适合在洼地生长的作物，就会变成高产田。

第八节　耕地与深翻

农谚 立土晒垡，熟化土壤

土壤耕作，合理地深翻，使氧气、阳光充分的与土壤接触，有助于有机质的分解，促进团粒结构的形成，提高土壤肥沃度，加速土壤熟化。

农谚 庄稼要收成，土地年年耕

土地耕种时间长了，容易板结结块；降低了土壤的通透性，造成土壤中氧气含量下降、根系活力降低、矿质元素的吸收受阻等。而耕地可以让土壤疏松，提高土壤的通透性，使土壤中的生命活动恢复正常，利于作物的生长。

农谚 八十老翁不忘秋垡地

秋天收获季节过后，进行耕地翻土，有利于土壤中水、肥、气、热等因素协调，有益微生物活动旺盛，促进有机质分解，促进土壤熟化，加厚土壤耕作层，提高有机质含量，为下一茬作物的栽培和生长做准备。“垡”，耕地，把土翻起来。

农谚 加深耕作层，死土变活土

“耕作层”，经耕种熟化的表土层，一般厚15～20 cm。逐年使耕作层加深，可以提高土壤有机质和营养元素的含量，满足下层根系对养分的需求，改善土壤的团粒结构，使低产田变高产田。

农谚 一年一层皮，十年深一犁

深翻的深度不易一次性过深，否则翻出的生土过多，不能完全熟化，土壤表层的有效养分量少，会影响作物生长过程中的养分供给。所以，每年耕地翻土的时候，都注重培肥耕作层，每年加深一些，成年累月后，自然就会达到加深耕作层的目的。

农谚 耕地深又早，庄稼百样好

耕得早，长得好

耕地深翻，使土壤疏松，增加土壤中氧气含量，促进根系生长和对矿质元素的吸收，并且深翻赶早，可使土壤中的有机质得到充分分解，提高土壤肥力，有利于作物生长和高产。

第九节 春 耕

农谚 春耕不着忙，秋后饿脸黄

春天，耕种之前要进行翻地，使土壤疏松，土壤中的空气流通，提高土壤中氧气的含量，促进种子发芽。耕作前若不翻土，土壤板结，土壤中氧气不足，出苗率降低，秋天就不会有好收成。此句谚语告诉我们春耕的重要性。

农谚 细耕三月土，谷物堆满车

春耕易浅耕，同时采取耙耱等措施将地表层的土块粉碎成碎土均匀的铺在地表，不仅疏松了土壤，利于土壤中空气流通，增强有益微生物的活动繁殖，同时可以阻断土壤中水分运输的毛细管通道，有效保墒。通过春季细耕，可以有效地改良土壤结构，有利于作物出苗和生长，获得高产。

农谚 春耕是抢墒，多耙是保墒

北方春季干旱少雨，并且温度开始回升，要及早进行春耕，防止愈加强烈的蒸腾作用使土壤中大量水分蒸发损失。及早春耕，有利于播种和出苗，春耕的同时随着耙耢，在土壤表层形成一层柔软的保护层，可有效地保持土壤中的水分。

第十节 伏 耕

农谚 休闲压青如窖粮

草地压青，种啥都行

种地种压青，定得好收成

一年压青，三年得利

“休闲”，也称休耕，是指这一年耕地上不种植农作物。“压青”，是将绿肥作物刈割后直接翻埋于土壤内的技术措施。在休闲的耕地上种植绿肥作物，伏天中将绿肥作物等直接翻埋于土壤内，使其腐烂分解，可增加土壤中有机质的含量，培肥地力，改良土壤结构。压青是一种很重要的改良土壤的方法，促进作物生长和高产。

农谚 伏耕压青晒垡，秋耕贮墒冻垡

夏天压青，高温高湿的环境利于绿肥的腐烂和分解，同时耕地翻土，加快微生物的活动，进一步促进有机质的分解，促进土壤熟化。秋天耕地翻土，阻断下层土壤水分向土壤表层移动的通道，达到保墒的目的，同时将地表下层的休眠的有害昆虫、有害虫卵和病菌等翻到地表，通过冬天的低温将其杀死，可减少来年的病虫害发病率。

农谚 伏雨深耕田，赛过水浇园

伏天中，及时深耕翻土，有利于充分接纳雨水，有利于蓄水保墒。

农谚 伏天划破皮，强过秋天耕一犁

这句农谚是说伏耕的重要性。夏天高温，杂草生长旺盛，此时进行耕地翻土，不仅有秋耕时使土壤疏松、增加土壤中氧气含量、提高根系活力等效果，而且还可以提高地温，并将杂草翻入土中压青，可以提高土壤有机质含量，增加肥力。

农谚 头伏翻地一碗水，二伏翻地半碗水

头伏时，夏天最热的时候刚刚来临，地表蒸腾作用开始强烈。此时翻地，阻断上下层水分运输的毛细管通道，可有效地保墒。二伏时，由于头伏的强烈光照，地表下层水分已经散失一部分，此时再进行翻地，保墒效果不如头伏，但还是会起到一定作用。为有效保墒，伏天耕地翻土宜早不宜晚。

农谚 伏雨春用，春旱秋抗

土壤具有良好的持水性和吐纳调节功能，并且土地深耕，加厚土层的同时，土壤结构变得疏松。当雨水充足时，土壤就可以尽可能地接收蓄住自然降水，保住地中墒，使土壤变成一个蓄水量相当大的“水库”。当干旱时，就可以发挥土壤贮水季节间的调节作用，达到“伏雨春用，春旱秋抗”的目的。

农谚 伏里犁几犁，薄地变沃地

伏天进行耕地翻土，加厚耕作层，疏松土壤，并通过压青提高有机质的含量，可以有效改良土壤质地，使贫瘠的土地变成肥沃的土地。

农谚 扣一年伏荒，收三年好粮

伏翻地，扣伏荒，一年能打二年粮

在地上不种作物，将其闲置，进行休养，可恢复地力。伏天耕地翻地，利用夏天的强烈光照可以杀死土壤中的病菌、虫卵等，高温的环境又可以促进有机质的降解，培肥地力，使土壤质地得到改良，提高了其耕作性，更有利于作物生长。

农谚 头伏压青末伏翻，不怕来年五月旱

头伏的时候进行田间压青，利用伏天的高温高湿，可使有机质快速降解；末伏的时候翻地，可使有机质与土壤充分混合，同时阻断水分运输的毛细管通道，储蓄水分，达到保墒的目的。若第二年春季出现干旱，可发挥土壤贮水的调节功能，抗旱保苗。

农谚 入伏耕地白露翻，三九磙地永不干

夏季入伏时耕地，秋季白露节气时翻地；冬季三九天压地（即磙地），是三项增加土壤含水量、保墒的技术措施。

第十一节 秋 耕

农谚 八月耕地满地油，九月耕地半地油，十月耕地白搭牛

七耕金，八耕银，九月耕些灰乾楞

七金八银，九铜十铁

秋耕宜早不宜迟

北方伏天过后，秋季干旱少雨，要及时耕地翻土保墒。秋耕翻地的主要目的是为了松土保墒、培肥地力，虽然不同的时间翻地都可以达到松土的目的，但是要更好地保存夏天后的墒情并培肥地力，在时间上则越早翻地越好。若翻地时间太迟，土壤下层水分由于蒸腾的拉力通过毛细管通道不断地上行而蒸发，就会不断地失墒，直到墒情耗尽，而且水分不断流失、温度降低，不利于有机质的保存降解，影响培肥地力。“金、银、铜、铁”，金属贵重程度的排列，这里是比喻的意思。“灰乾楞”，方言，指不值钱。

农谚 秋季耕田，丰收来年

秋耕秋翻，粮堆成山

要想多打粮，秋天耕翻忙

一年不秋耕，少打二年粮

马无夜草不肥，地不秋耕不收

以上谚语都强调了秋耕对于丰收的重要性。秋耕可最大限度地积蓄土壤水分，调节春季用水矛盾；秋耕可破坏地下害虫和虫卵的越冬场所，并可将根茎类杂草等的地下部分翻出地面，然后利用冬天的低温冻死虫卵和草根芽；秋耕可将有机质、肥料等深埋于土壤，培肥地力。秋耕后，改善了土壤的结构，促进了土壤熟化，为来年的好收成奠定了基础。

农谚 隔冬划道印儿，等于上道粪儿

秋耕将地表的残枝落叶等翻入地下，进行保存并降解，由于冬天的冻融交替，可进一步改善土壤结构，使土壤熟化，培肥地力。

农谚 秋天翻地如水淡，开春无雨也出苗

秋耕地，如浇水，明春无雨也拿苗

秋天耕下地，来年好拿苗

这几句谚语强调了秋耕保墒的作用。北方夏季多雨，秋季少雨，秋耕将夏季留在土壤下层的雨水锁在土壤中，可最大限度地积蓄土壤水分，达到保墒的目的，来年春天少雨时，就发挥土壤贮水季节间的调节作用，帮助作物渡过旱季，促进作物出苗。

农谚 秋天深耕晒阳土，早施底肥养壮土

秋天通过深耕将土壤下层的阴土翻到上层，利用阳光的照射，转化为阳土。深耕的时候，施入底肥，可以提高有机质和营养元素的含量，改善了土壤结构，促进有益微生物的繁殖，培肥了地力。

农谚 多压多耙保墒土

压地和耙耱是两种有效的保墒措施。压地是通过减少土壤表层颗粒之间的空隙，让表层紧密的土壤层保住下层土壤的水分。耙耱是把土块弄碎，在表层形成一层松软的土层，切断土壤中水分运输的毛细管通道，尽可能地减少水分蒸发，起到保墒的作用。

农谚 秋耕耕得深，黄土变成金

秋耕深一寸，顶上一茬粪

秋耕多一寸，秋收多一半

秋天不翻，来年草滩

秋后不深耕，来年虫子生

这几句农谚是强调秋季深耕的重要性和意义。秋季深耕可破坏地下害虫的越冬场所，在冬季低温下，有利于消灭田间越冬害虫，减少来年病虫害发病率。同时，深耕将多年生的根芽、根茎类杂草等翻到地面，冬季的低温可将其直接冻死，避免来年田间杂草丛生。深耕也可以加深土层，将下层生土翻到地表，充分风化，提高土壤中有效养分的含量，促进土壤熟化，改良土壤结构。但是若是在少水或墒情不好的情况下，对于秋季深耕的深度要适量，避免失墒。

农谚 秋耕地发暄，抗涝又抗旱

秋耕有利于保墒，在旱季来临时，土壤自身会具有一定的缓冲调节作用，使作物仍可正常生长。秋耕后土壤松软，有良好的团粒结构，具有很好的持水性和渗透性，雨水多时，利于雨水的下渗和贮存，同时还可以蓄水。

农谚 秋耕拉满犁，春耕划地皮

秋耕宜深，春耕宜浅

秋耕要深，春耕要平

春耕如翻饼，秋耕如掘井

秋季深耕，每深一寸，都会使犁底层下移，耕作层加深，有利于改善土壤中水、气、热等状况，同时可熟化土壤，改善土壤营养条件，提高土壤的有效肥力等。

农谚 秋耕深，春耕浅，旱涝都保险

秋季深耕，改善了土壤的团粒结构，使土壤具有良好的持水性和渗透性。雨雪来临时，土壤可以有效贮水以供旱时所需，良好的渗透性避免了涝害的发生。春耕时浅耕，有效地保持了之前的墒情，避免失墒。

农谚 随割随耕，赛如压青

秋季收获时，在秸秆风干之前，进行深翻，将作物秸秆翻进地里，就像压青一样，可以有效地提高土壤中有机质的含量，改善土壤结构。

农谚 早秋耕地发热，晚秋耕地发凉

早秋时气温刚开始下降，地温仍维持在较高的数值，此时耕地，土壤疏松，并且有机质降解散热，有利于地温的维持和升高。晚秋时，气温下降，天气转凉，地温已经下降，此时耕地，又进一步地使土壤中的热量散到空气中，使地温更低。

农谚 白露前后，倒地时候

白露是二十四节气之一，在7月中旬左右。北方一些高寒山区已经开始收获了。秋耕就是要抢时机，边收割、边耕地。“倒地”，耕地的意思。

农谚 地不冻，犁不停，白茬地，不过冬

白茬地指没有耕作的土地。地表没有结冻之前，都可以进行犁地操作，让下层土壤经过一个冬天的风化，可以有效地熟化土壤，消灭冬眠的虫卵，清除多年生杂草；结冻后土壤易硬化，就不易风化熟化土壤，所以解冻前全部田块需完成深耕翻地的田间操作，不留白茬地过冬。

农谚 秋季耕翻，早春耙压，保好底墒，土头发热

通过秋季耕地翻土、早春压地和耙耱，可以有效地将水分锁在土壤下层，达到保墒的目的，同时有氧微生物活动旺盛，使土壤熟化。

农谚 秋天划破皮，胜过春天耕一犁

在田间管理中，秋耕的作用要比春耕大。例如，秋耕比春耕中翻出的生土的风化的时间长，生土经过风化，可以形成大量的有效养分供作物吸收；秋耕可以清除田间杂草、冻死地下害虫，而春耕都做不到。

农谚 立了冬，把地耕，能把土壤养分增

华北地区南部把握住立冬以后、封冻以前的时期，抢时间耕翻土地，仍然可以疏松土壤，使土壤中的空气流通提高土壤中有效养分的含量。

第十二节　深　　耕

农谚 一尺银，二尺金，深翻三尺聚宝盆
要想增产，地要深翻
耕地耕得深，如同地翻身
种地不用问，深耕顶上粪
耕地深一寸，强如施遍粪
深耕一寸顶上粪，深耕二寸地生金
土地常深耕，田里出黄金
深耕一寸，多收一成

以上几句农谚，都是在强调深耕的必要性和好处。深耕可以培肥地力，增加产量。深耕可以改善下层土壤紧实板结的现象，有效降低深层土壤容重和硬度，缓解土壤紧实对土壤养分的有效性的限制，同时将地下土翻到地面，使其风化；可以有效提高土壤中有效养分的含量，并加厚耕作层，促进土壤熟化，有效改良土壤结构，培肥地力，提高土壤通透性。

农谚 深耕有三好，保墒灭虫又除草
深耕除草，穗大粒饱

深耕可以增加土壤通透性、改善土壤团粒结构，具有更好的持水性，有效贮存水分保墒；可以将土下的杂草根芽或多年生杂草根茎等翻出地表，通过暴晒或低温将其杀死，起到清除田间杂草的作用；同时还可以打破地下害虫的休眠场所，使其暴露在外，可将其晒死或冻死。深耕的这三好，有助于作物的生长和高产。

农谚 庄稼要好，犁深粪饱

深耕配施农家粪，可以增加土壤通透性，提高土壤中有机质含量，有效地培肥地力，满足作物生长对养分、水分、空气等的需求，促进作物高产。

农谚 深耕浅种，赛如上粪

土壤深耕，但是播种在浅层，薄而疏松的土层，利于种子出苗，下层疏松而深厚的土层，有利于作物根系的下扎而获取水分和养分，是非常适宜作物生长的耕作播种方式。

农谚 田地耕得深，瘦地出黄金
瘦地深翻，增产一半
深翻耕地庄稼旺，硬土瘦地苗不长

这几句谚语是说深耕的其中一个作用，贫瘠的土地通过深耕可以变身成肥沃的土地。贫瘠的土地，一般都土壤板结，有机质缺乏，有效养分含量低，耕作性很差。而通过深耕可以有效地疏松土壤，加深土壤的耕作层，将土壤中被固定的养分转为有效养分，进而熟化土壤，培肥地力，有效地改良土壤的结构，使贫瘠的土地转化为适宜作物生长的土地。

农谚 翻得深，耙得细，一亩地顶上十亩地
耕得深，耙得坦，一碗粪土一碗饭

这两句谚语强调深耕后配耙耱的田间操作，有利于作物的高产。深耕后耙耱，在土壤表层形成一层疏松柔软的土层，非常有利于保墒。

农谚 深翻土，多培土，苗儿根根深入土
要苗深扎根，地要犁得深

深耕有利于作物根系的深扎。深耕加深了耕作层，并且疏松了下层土壤，更加有利于作物的下扎，而且根系扎得深，作物的抗性会提升，获取养分和水分的能力也会加强。

农谚 要想庄稼长得好，深耕施肥多除草

深耕、施肥和除草，是有效改良土壤结构，保证作物所需养分供应，减少养分损耗和病虫害发生的田间管理的技术措施，为作物茁壮成长保驾护航。

农谚 深耕早一天，仓里冒个尖

这句谚语说明深耕要赶早的必要性。它可以提高作物的产量。

农谚 头遍划破皮，二遍往深犁

主要适用于深耕前雨水不足的情况。由于雨水不足，土壤的墒情不好，此时深耕会造成大量失墒，而又得不到补充，所以此时易先浅耕，保持住土壤中现有的墒情。而且疏松的土壤具有更好的通透性和持水性，可以将雨雪等自然水分或人为浇灌的水分贮存在土壤中。第二遍翻地要深耕，才可充分达到深耕所起到的效果，充分改良土壤结构。

第十三节 翻、耙、耧、磙

农谚 深耕晒垡，三九磙地
三九磙地，顶凌镇压
顶凌耙地，保住水气
三九磙地，保住水气
三九的磙子，提水的桶子

以上几句农谚，是说磙地的时间和作用。三九天是冬天最寒冷的时候，此时土地已经“冻透”，由于冷缩，产生龟裂，地面裂出了许多大缝，这些大缝即是土壤水分蒸发的通道。这时磙地，疏松的土壤将这些土缝盖住，防止了水分蒸发，起到了保墒的作用。“顶凌镇压”与“顶凌耙地”一般是在土地尚未完全解冻、土壤水分充足的早春进行。此时进行耙地和镇压，可以切断毛细管，减少土壤中水分蒸发，是早春抗旱保墒的有效措施。

农谚 耕好耙好，光长庄稼不长草

深耕将杂草的根芽、根茎等均翻出地表，耙后使土壤表层大土块粉碎成细细的土块，杂草根芽与根茎与土壤分离，再通过日晒或低温将其杀死，从根部彻底清除田间杂草。并且深耕耙后的土壤结构得到改良，利于作物生长。

农谚 麦收头年墒

又称为“麦收隔年墒”。“隔年墒”是指上一年农历八月到十月的降水，通过秋耕有效的保墒措施，保存的适量降水形成的墒情有利于冬小麦出苗、生长，还有利于冬小麦安全越冬和翌年春季返青。

农谚 开冻耙一遍，到老不觉旱

土地刚开始解冻时，土壤中的水分充足，此时进行耙地，切断毛细管通道，减少土壤中水分蒸发损失，有效抗旱保墒，为作物后期的生长提供了贮存水分。

农谚 三月打拉砘，米面憋破瓮

三月春播之后用砘压实松土，保墒的同时使种子与土壤充分接触，利于种子发芽出苗、根系充分与土壤接触吸收养分，获得高产。

农谚 犁在深土，耙在油土，耧在墒土，锄在浮土，多贪粪土，是谓五土

犁、耙、耧和锄头是中国农民从古至今都在使用的田间农具。用犁深耕，将下层的深土翻出，然后用耙将大土块弄碎耙开，使表层土壤疏松柔软平整，有效地保墒和提高地温。耧是播种用的农具，适宜的温度、充足的水分和氧气是种子萌发的三要素，所以播种需选择墒情良好的地块，创造适宜种子萌发的条件。锄是进行中耕、除草和疏松植株周围的土壤的田间操作的。作物生长需要充足的养分，农家肥富含有机质和作物生长所需的养分，田间益多施粪，培肥地力。“五土”是指五种田间操作后的土壤；深土是深层土壤；油土是表层疏松柔软平整的土壤；墒土是墒情很好的土壤；浮土是表层疏松的土层；粪土是施粪改良的土壤。

农谚 犁出生土，晒成阳土，耙成油土，种在湿土，整治粪土，增产谷物

耕出生土，晒出阳土，耙成绵土

用犁深耕，将生土翻出，通过日光风化熟化土壤。大个的土块不利于耕作，耙将土块弄碎成小土粒在土壤表层平整地铺展开，利于耕作；同时可保墒和提高

地温，使土壤湿润、结构良好，利于播种后种子发芽出苗。作物在生长过程中，不断地消耗土壤中的养分，有机质含量也在逐渐减少，此时要多施粪土，及时补充养分和有机质，改善土壤结构，避免作物生长后期出现脱肥现象。所有的田间操作，保证了作物一直在适宜其生长的土壤中生长，使作物生长旺盛，获得高产。

农谚 耕地是松土，倒地是活土
耙地是碎土，耢地是平土
耕地是暄土，耙地是养土
磙地是潮土，锄地是活土
耧地是湿土，种地是粪土

这几句谚语主要解释了不同整地方式的功能。耕地和倒地都是翻地，将深层的生土翻出地面，疏松土壤、加厚耕作层，同时经过风化使生土变成活土，熟化土壤。耙地和耢地，是将翻地后的大土块弄碎耙细，将凹凸不平的地表弄平整，使土壤表层疏松柔软，同时掩土保墒。耧是播种，需墒情良好的湿润土壤，利于种子发芽出苗。磙地将表层松软的土层压实，使种子或根系与土壤充分接触，利于吸收水分和养分。锄地疏松表层土壤、铲除杂草，避免土壤板结跑墒。作物生长需要充足的养分和有机质，则种地需要施足粪土，满足作物生长所需。

农谚 深耕细耙，旱涝不怕
犁三遍，耙三遍，不怕天气旱

深耕、耙地等不仅阻断了土壤中水分运输的毛细管通道，而且疏松土壤，改良土壤团粒结构，使土壤具有良好的持水性，可以更好地贮存水分，达到抗旱保墒抗涝的作用。

农谚 仓有千石粮，也要隔年墒

此句谚语是说粮仓里就算有千石粮食，也需要做好土壤的保墒工作，才能保障来年的好收成。

农谚 秋季不保墒，来年少打粮

秋季保墒对于作物生长是非常重要的，直接影响到来年是否高产。特别在北方春季干旱少雨，需要秋季保墒来抗春旱，才不会影响作物的正常生长。

农谚 一寸松土一寸墒

松土可以有效地保墒。首先，松土改善了土壤的团粒结构，增强了持水性，可以更好地贮存自然降水或人为灌水，增加土壤的蓄水量；其次，松土阻断毛细管，减少了地表蒸发损失的水分，可以有效地保墒。

农谚 犁地如线，地细如面

犁地不细，白叫老牛费力

犁地犁通，气死雷公

麦怕坷垃苗怕草，整地要求细又好

这几句谚语说出了对犁地的要求，犁地要细致均匀，使土壤松散柔软，而不能成一个一个的大土块。大土块对作物的生长是不利的，土块之间易形成空隙跑墒、不易于种子出苗，根系无法与土壤充分接触等，所以犁地要均匀松散，否则会影响犁地后的效果。

农谚 一铧压一铧，收的庄稼放不下

翻地时犁铧可以有力地翻开泥土，有利于加深耕作层、深层土壤的熟化、疏松土壤等，充分改良土壤结构，利于作物生长和获得高产。

农谚 地留“肋巴”，不长庄稼

“肋巴”是指犁地时没有一犁挨一犁地犁地，留下了一条条的生地，如同“肋巴”。这样的犁地没有达到要求，不利于种子发芽和作物生长。

农谚 干耕湿种，赛如上粪

干耕湿倒，来年麦窖

干旱时耕地翻土，疏松土壤，易使土壤松散，可以更好地改良土壤结构，提高有效养分含量，增强持水性和渗透性。

农谚 复耕一遍，粮加一半

谷地犁三遍，谷粒长得大又圆

茬子地，犁两遍，麦子长得像鞭杆

“复耕”，即两次耕地。多次犁地，可以更加有效地粉碎土块，松散土壤，增加土壤的耕作性，更有利于作物的生长以获得高产。

农谚 三道犁头三道耙，穗子长成狼尾巴

深深犁，细细耙，种的麦子收成大

这两句谚语强调了犁和耙这两种田间操作的重要性。犁地将深层土壤翻出，耙地将土块粉碎，犁和耙共同完成整地的工作，创造适合作物生长的土壤环境，作物苗壮生长获得高产。

农谚 犁耙四角到，满田苗子好

这句农谚是说，犁地要不留死角，地头地角都要犁到，这样才能“满田苗子好”。

农谚 早耕保墒，迟耕墒光
春差一天墒，秋减十成粮
七月不收墒，八月发了慌

这几句谚语强调了早耕保墒的重要性。土壤在不断地进行水分交换，当表层的水分蒸发完全后，由于蒸腾拉力的作用，土壤下层的水分会沿着毛细管通道上行到地表蒸发损失掉，水分会不断减少。所以，为保持下层土壤的含水量，达到保墒的目的，越早耕保墒越好，避免晚耕时水分损失过多，达不到耕作保墒的效果。

农谚 春天保好墒，秋收多打粮
春天保好墒，粮食堆满仓

北方春天一般干旱少雨，春天保墒是抗春旱的必要条件，也为秋收高产奠定好的基础。

农谚 种不见墒，粮不上场

播种时墒情很差，土壤中水分含量太低，种子出苗率较低，会造成庄稼参差不齐，就不会有好的收成。所以，农民一定选择墒情好的时候播种。

农谚 春天耙三遍，潮气往上蹿

耙是农业生产中传统的农具。在早春时用耙进行表土耕作，在弄碎土块、疏松土壤的同时平整表层土壤，在地表形成了一层柔软的保护层阻断下层水分的蒸发，达到保蓄水分的作用。“潮气往上蹿”即说明了春耙后的土壤保墒很好，土壤湿润。

农谚 三分耕，七分耙
光犁不耙，枉把力下
深深犁，重重耙
深深犁，细细耙，多打粮食没二话
耕深耙匀，黄土变金
三分耕，七分播
耕地不带耙，误了来年夏
多犁多耙，不靠雨下
千犁万耙，旱涝不怕

一犁三耙，不收说啥

犁后要耙，耙平保墒

犁地将深层土壤翻出地表，虽疏松了土壤，但是大土块翻到地表后，耕作性差、难风化、保墒效果差。而耙地可以将大土块弄碎，平铺于地表，从而更快地使土壤得到熟化，利于耕作。所以犁地很重要，但是耙地更加重要，犁耙配合才能达到最好的整地效果。

农谚 多耙多盖，出齐长快

旱田多耙，出苗没差

耙地可有效保墒，并使土壤松散柔软，播种后及时盖土，有利于种子与土壤充分接触，以吸收水分促进发芽。

农谚 地耢不平，难保墒情

秋后耢得勤，粮食打满囤

耢地隔夜不隔墒

“耢”是用来弄碎土块、平整地面和掩土保墒的传统农作工具，其作用与“耙”基本相同。“耢地”就是用耢平整土地。土壤经过翻耕后，若地表土块大并凹凸不平，易通过土块之间的空隙、凹起或凸起的侧面等跑墒。耢地后大土块成小土粒、地表平整，可以有效地保墒、疏松土壤，同时压实虚土，使地下毛细管水上升，可充分利用墒情耕作，促进出苗生长，从而获得高产。若耢地中断，需隔夜进行，由于夜晚温度低，蒸腾作用很弱，跑墒很少，所以可以隔夜进行；但是最好不要隔晌，因为白天阳光强烈，蒸腾作用强，易跑墒。

农谚 土地耙得绵，苗苗抓得全

坷垃压得绵，保证苗出全

田要耙成面，苗儿长得欢

土细如面，亩产上石

种子发芽需要合适的温度、充足的水分和氧气，绵柔平整的土壤，水、气、温等条件都适宜，利于出苗，播种质量高。

农谚 先耙后磙，磙后再耙；耙后再磙，磙绵为准

反复不断地进行磙和耙的田间操作，可使耕作层上虚下实，疏通下层毛细管通道，达到提墒和保墒的效果。

农谚 一个土块一个“鬼”，一天要喝一碗水

隔冬打坷垃，等于上油渣

“坷垃”即大土块，它与土壤争夺水分，而且失墒快，同时严重影响出苗。因此年前消除坷垃，有利于保墒和出苗。

农谚 土块不打光，要把苗儿伤
不怕苗儿小，就怕坷垃咬

“土块”“坷垃”，是一个意思。土壤表层如果坷垃多，土壤水分易挥发，造成失墒；同时由于幼苗根系较短较弱，土坷垃阻碍幼苗根系的伸展、不利于出苗。

农谚 有墒不等时，到时不等墒
借墒不等时，等时来不及

墒情好时，要及时播种，不可拖延等待，否则会跑墒严重，导致墒情变差；若时令到了，即使墒情不好，也得播种，不可推迟。这两句谚语是指播种要抢墒抢时。

农谚 三耕六耙九锄田，一季庄稼抵一年

这句农谚是农民根据北方干旱地区耕作经验总结所得。第一耕第一耙是在秋收以后立即进行的，宜浅耕，主要是讲田面的残渣和杂草翻入地下腐烂，耕后要随时耙地松散土壤、平整地表；第二耕在冬至前进行深耕，主要为了冻垡接受冬季雨、霜、雪，但一定要在冬至前进行深耕，这样才能冻得透、晒得酥，避免寒冷后，土壤被风刮得僵硬。第二耙和第三耙在地面要解冻时，立即进行两次粗耙，过半个月后再进行第四耙，在土壤冻酥的条件下把土块耙碎，不易使土壤发僵，并且可以保墒。第三耕是春耕，一般在3月中旬，根据耕地时土壤的水分状况来决定耕犁的时间和深度，达到松土和保墒的最好效果。第五耙是在春耕后细耙一遍。第六耙在播种前进行，达到田平地绒的效果，可使出苗整齐，提高播种质量。“九锄田”的意思是勤锄，根据不同作物的生长时期有不同的措施，一般前两次深锄，疏松土层，使土壤易升温，促进空气流通，利于幼苗生长；三四锄宜浅锄，此时温度回升，杂草萌发旺盛，主要是为了清除小杂草；之后花花离离，见到杂草就深锄到根，将其铲除，无草的地方松松表土，防治板结，做到有效防治水分蒸发和消灭杂草，一般情况雨后能下地即可锄田，以保墒。“三耕六耙九锄田”可以创造良好的耕作层，加厚耕作层，提高土壤肥力熟化土壤，利于作物耕作，提高产量。

农谚 防旱保墒土热潮，发苗催棵壮籽粒

防治土壤干旱，有效地保护土壤的墒情、提高地温，有助于苗子生长，并使

长势强壮、籽粒饱满。

农谚 地不翻，苗不欢

苗的根系较弱，若不及时翻地，土壤板结，根系生长弱，不能及时从土壤中汲取水分和养分供幼苗生长，幼苗长势会很差。

农谚 地是刮金板，人勤地不懒
地是活宝，全靠人搞
瘦地出黄金，就怕不用心

这几句谚语强调农业生产中勤劳的重要性。农民勤劳耕作，不偷懒，土地便成为一块宝，获得丰收。

农谚 地犁三遍吃干面，地犁六遍吃挂面

这句农谚是说犁地次数和粮食产量的关系，犁地次数越多，粮食产量越高，品质越好。“干面”，这里是指粮食产量低、品质差；“挂面”，则是指粮食产量高、品质好。

农谚 地弱长不出大萝卜，土薄长不出壮麦子

这句农谚是说地弱土薄不会长出丰产的农作物。“萝卜”“麦子”，泛指农作物。

农谚 压旱不压涝，压干不压湿，压松不压黏

压地即是镇压的田间操作，它能使土壤上实下虚，减少土壤水分蒸发，又可使下层水分上升，起到保墒提墒引墒的作用，主要是未来抗旱。当田间土壤处于水分充足的状态时，如涝、湿、黏，不需要压地进行保墒；同时如果压地，会造成土壤紧实，破坏土壤结构，不易于耕作和作物生长。

农谚 冬压多一遍，夏收多一担

冬天在土壤冻酥的情况下压地，易将土块压碎，并可有效保蓄冬天雨雪的水分，为作物生长后期提供充足的水分，以提高作物产量。

农谚 好地也有一歇，赖地也有一长

好地和赖地各有所长各有所短。不同的土壤适合不同的作物，需根据作物的生长习性选择合适的土壤播种耕作，充分利用不同类型的土壤。虽然很多的作物都更适合在肥沃的田块生长，但是部分抗逆性很强的作物可以顽强地在贫瘠的土地上存活，如向日葵、高粱等，就适合在贫瘠地块或盐碱地种植。

农谚 宁种一亩川，不种一大湾

此句谚语是说农民宁愿种一亩平川地，也不愿意种一片丘陵坡地。“湾”，这里指丘陵坡地。平川地上质肥沃，产量高，而且易于管理；而山坡地土质瘠薄，产量低，且费力费时。

农谚 宁可田等种，不可种等田

播种前的整地工作完成后，使土壤处于适宜作物播种的环境，可以等待播种的时节到来，然后进行播种。如果播种的时令到了，而土壤仍处于不适宜播种的环境，比如整地未完成、墒情不好，播种是不可以等的，否则可能会影响到作物后期的生长。

第三章 肥料与施肥

农谚 种地不上粪，等于瞎胡混
不上万斤粪，难打千斤粮
种地没巧，粪水灌饱
粪是地里金，猪是家中宝
粪是庄稼宝，少了长不好
粪是农家宝，种地离不了
人靠饭饱，地靠粪好
牲畜无料膘不肥，地不上粪少打粮
人勤地不懒，粪多能高产
一亩地，十车粪，它不长，我不信
地里多上粪，旱涝都有劲
巧种还得多上粪
虽勤无粪土，种地枉受苦
庄稼要好，手勤粪饱
春前一道粪，粮食堆满仓

以上几句农谚，都是讲农家肥与种地、农家肥和产量的关系的。“粪”，本义是指农家肥，也是有机肥，它包括各种畜粪便、人粪尿、秸秆肥、绿肥等。农家肥在农业生产中起着重要的作用，主要含有有机养分，营养元素全面，不仅含有氮、磷、钾三要素，还含有钙、镁、硫等其他微量元素，肥效释放慢，属于长效肥。农家肥中还含有较多的有机质，在土壤中经过微生物的作用分解腐烂释放出二氧化碳、生成有机酸、形成腐殖质，可以促进土壤团粒结构的形成，使土壤疏松，易于耕作，同时改善土壤通透性，有利于土壤微生物的活动，促进土壤养分的分解以提高有效养分的含量，增强土壤的保水保肥能力，从而使农作物产量提高。

农谚 种田别无巧，肥料就是宝
庄稼百样巧，肥是无价宝
庄稼一枝花，全靠肥当家

鸟靠树，鱼靠河，庄稼丰收靠肥多

肥是庄稼宝，施足又施巧

积肥如攒金

肥满田，粮满仓，田里无肥仓无粮

地是铁，肥是钢，地里无肥庄稼荒

灶里无柴难煮饭，地里无肥难增产

盖房无土难垒墙，地里没肥难打粮

多施肥料地有劲，明年丰产打下粮

地是孩儿肥是奶

不怕地薄，就怕肥少

肥料是宝，赖地也能变好

一份肥分，一份产量

高肥才能夺高产，高产才能有高肥

肥料是提供一种或一种以上植物必需的营养元素、改善土壤性质、提高土壤肥力水平的一类物质。中国的土地经过上千年的开垦种植，作物生长所必需的营养元素中的部分营养元素已经缺失，而任何一种元素的缺少都会影响到作物的正常生长发育，所以就需要人为地去提供外来的养分供给作物需求，即肥料，使农作物持续获得高产。

但是，这些年种植户为了保供给，过分依赖化肥，过量施用化肥和滥施化肥现象严重，土地超重负荷，导致土壤板结、酸化严重、营养失衡等，破坏了农业环境的同时，也影响作物品质。单施有机肥虽然能提高土壤有机质含量，但由于有机肥养分释放较为缓慢，作物养分不能及时供给，导致作物产量低。有机肥、无机化肥单独施用时各自存在优势和缺陷，所以更建议有机、无机肥料配合施用，既能培肥土壤，又能确保作物高产稳产、保质保量。

农谚 水是庄稼血，肥是庄稼粮

有收无收在于水，多收少收在于肥

肥多禾壮，奶多儿胖

粪大水勤，能打千斤

以上几句农谚，是说肥和水的关系的。肥料对于作物的生长发育固然重要，但是肥料需要溶于水才可以成为游离的离子被作物的根系所吸收，进而被植物转化利用。农家肥的分解需要湿润的环境才可以进行，水是农家肥的分解过程中必需的。因此，作物对肥料的利用是离不开水的，同时作物本身的生长发育也是离不开水的。

第一节 肥源与积肥

农谚 流不尽的水，积不完的肥
积肥积肥，越积越肥

“积肥”，是农民从事的长期的农业生产重要项目之一，只有坚持长期积肥，不断提高农家肥的施用量，才能保证农作物的高产、稳产、优质。

农谚 肥源到处有，就怕不动手
只要手脚勤，不愁没有粪
只要勤动手，肥源到处有
拾粪不忘本，只要手脚勤
积肥全靠零功夫，早晚时间别耽误
见肥就收，点滴不丢
积肥靠人，五有三勤

肥源即肥料的来源。农村的肥源非常广泛，随处可见，因此，要坚持常年积造农家肥，需要勤动手，勤垫圈、勤起圈、勤打扫，充分利用，不浪费，而且还要注重科学积肥，做到“五有三勤”。“五有”：人有厕所、畜有圈、有灰仓、有沤粪坑、有造肥厂；“三勤”：勤起圈、勤垫圈、勤打扫。

农谚 一年庄稼两年种，闲时攒粪忙时用
今年积下来年粪，来年粮食装满囤
积肥如积粮，粮在肥中藏
冬闲变冬忙（积肥），一定多打粮
冬春比粪堆，秋天比粮堆
抓肥如抓粮，有肥就有粮
平日多积一筐，秋后多收半仓
冬季抓好积肥关，明年定可大增产
要想庄稼长，粪筐不离膀；若想庄稼旺，适时把粪上
冬积一担肥，秋收一担粮
冬闲多积肥，秋天粮满仓
若要庄稼长得猛，就要多挖沤肥坑

这几句谚语强调了积肥的重要性。积肥是在平时的一点一滴中积累的，由于未经腐熟的粪中含有较多植物不能直接吸收的养分，还可能携带寄生虫或病菌

等，所以积肥是要经过贮存发酵腐熟的。因此，来年用的肥料需提前开始积攒，以备下一年使用。

农谚 数了九，背粪篓

冬至当日即数九，之后天气逐渐转寒。因为夏季农忙，没时间积肥，所以赶到农闲的冬季背粪篓去捡粪，以备来年所需。

农谚 拾驴粪，瞅上坡；拾牛粪，瞅草棵；拾狗粪，柴火窝

这句谚语讲述了古时人们的拾粪口诀。根据不同动物的生活习性，去不同的地方拾粪。驴喜欢在爬坡时大便；牛喜欢吃草，在草堆里大便；狗不能在行进中排便，排便一般在休息时进行，就会在柴火窝里大便。所以捡粪时，要根据不同家畜的生活习性来选择捡粪的地点。

农谚 压上一年青，能打三年粮

压青就是粪

青草沤成粪，庄稼越长越有劲

见青就是肥（指沤肥）

“压青”，即压绿肥，是将青草等绿肥作物刈割后放入圈内进行沤制或直接翻埋于土壤内的技术措施。绿肥、青草等经过发酵沤制或翻入土里后，将绿肥、青草中有机质和营养元素重新回归土壤，可改良土壤结构、提高土壤肥力。

农谚 长远富，栽树木；眼前富，攒粪土

树是具有木质树干及树枝的植物，多年生，并且树龄越长，市场价值越大，所以这是“长远富”的一种方法。粪土是身边之物，随时积攒，来年即可使用，使作物高产，只需花费较短时间就可以获得收益，故说是“眼前富”。

农谚 粪坑加个盖，肥效全都在

粪坑中的粪在贮存发酵过程中，蛋白质态氮素或尿素等都会转变成氨态氮素，氨态氮容易挥发，造成氮的损失。为了减少氨态氮的挥发，在贮存分解过程中要加盖，防止氨态氮的挥发，同时高浓度的氨可以杀死吸虫等寄生虫卵，若不加盖还可能会染上苍蝇传播疾病。

农谚 猪多、肥多、粮多

人养猪，猪养田，田养人

养猪积肥农家宝，科学种田离不了

养猪养羊，本短利长

养猪好肥源，回头看看田

种地不养猪，必定有一输

圈里无猪，地里无谷

养猪积肥，是我国农业传统的主要积肥方式。一家一个猪舍，每年养 1～3 口猪或更多，从而保证了农家肥的主要来源，也保证了粮食产量的稳产高产。

农谚 勤起勤垫，猪脚底下出好粪

常垫猪圈掏鸡粪，腿勤手快积肥多

勤起勤垫，三天一圈

这几句农谚说的是一些农家肥的积造方法。农家肥的积造方法之一，就是靠“勤”，即勤起圈勤垫圈、腿勤手快。

农谚 圈里养了羊，多出仨月粮

羊粪含有丰富的有机质和多种营养元素，经过发酵后会形成一种很好的有机肥。使用它做肥料，可以改善土质，防止土地板结，促进作物高产。因此，养羊积肥，是提高粮食产量的主要措施之一。

农谚 多养六畜多积肥，肥多地壮粮成堆

“六畜”是指马、牛、羊、鸡、狗和猪，它们的粪便富含有机质和多种作物生长必需的营养元素，经过发酵后会形成优质的有机肥，施入田块，可以有效地培肥地力、改良土壤团粒结构，促进作物高产。

农谚 一个驴粪蛋儿，一碗小米饭儿

这句农谚，形象地说明了驴粪是良好的有机肥，多施一个驴粪蛋儿，就像是多了一碗小米饭儿一样。

农谚 割草沤肥，种豆肥田

香豆子沤绿肥，顶如施茬粪

“割草沤肥”即是将田间的草割下进行集中沤肥发酵，是农家肥来源之一。豆科植物的根系经常和根瘤菌共生，根瘤菌具有固氮的能力，可以提高土壤中的有效氮含量，培肥地力。香豆子是豆科一年生草本植物，其鲜草的含氮量在 0.6% 左右，是很好的绿肥作物，可以有效提高土壤肥力，对后熟作物有明显增产效果。

农谚 七月草是金，八月草是银，九月草见老，十月草不好

（指沤肥用草）

七烂八不烂（指压青沤肥以阴历七月为好）

头伏压青满罐油，二伏压青半罐油，末伏压青没有油

压青的最适时期应在绿肥植株内营养物质含量高、绿色体较多、植株柔嫩的时候进行。若翻压过早，产草量低、营养物质积累尚少，降低绿肥效果；翻压过晚，绿肥组织纤维老化，不易腐烂，而且影响含氮量。一般应以花期最为适宜。

七月进入“小暑”，天气开始炎热，作物、花草等都进入茁壮成长的阶段，营养物质迅速积累、绿色体多，所以此时进行压青沤肥最好。八月开始“立秋”，秋天即将来临，天气逐渐转凉，杂草生殖生长旺盛，之前营养生长积累的养分会不断地被消耗供给生殖生长，即果实和种子的发育。九月“白露”后，天气已经转凉，杂草开始黄化，叶绿素含量下降，营养不断消耗。十月寒露霜降后，温度降低，杂草的种子和果实发育完全，叶子和茎秆黄化、水分散失、本身的养分消耗殆尽，就不再适宜去做绿肥了。因此，沤肥用草在七月份进行最好。

农谚 一层土，一层草，常灌水，常翻倒，青草自然能沤好

压青沤肥在沤制过程中需要使有机物处于低温厌氧条件下进行分解，以利腐熟和保肥，所以要一层草上覆一层土，并加入适量的水分，一般是淹泡 3～7 cm 的浅水层，并且需要定期翻倒，使上下物料温度一致，以促进腐解，使分解均匀。

农谚 伏天能出三圈粪，来年粮食打满囤

圈里积下粪，仓里粮满囤

伏天高温，圈粪易于发酵腐熟，需积极的垫圈和收集圈粪，进行发酵腐熟形成非常优质的有机肥，可以培肥地力，改良土壤，有促进作物高产的效果。

农谚 粪要不发，功要白搭

农家肥在发酵腐熟的过程中会伴有大量的分解反应和微生物活动，产生高温，反应中形成氨气，在粪堆中出现大量冒出的气泡等，造成“发”的现象。如果没有“发”的现象，说明粪堆中的微生物活动不强或者没有活动，堆温太低，使粪很难或不能腐熟，粪中的虫卵、病菌、杂草种子等无法消灭，所以收集的粪是无法使用的。

农谚 场院要平，粪坑要深

场院是农民用来粮谷脱粒的场所，在这里是借喻。深粪坑易于升温和保温，保持高温发酵，以杀死病菌、虫卵和杂草种子；同时，在堆肥后期易于压紧实，

创造厌氧条件，利于腐殖化作用，并减少养分损失。

农谚 一年的锅台二年的炕，熏透的烟土顶粪上
庄稼地要壮，一年一搭炕
炕洞土，赛如虎
要有大粪堆，天天保存灰
三年的墙土比粪土，十年的墙土赛油渣
农事不忙，拆换旧墙

炕土是农村换炕时扒下来的炕坯和炕土。由于炕土经过长期的烟熏火燎，使其具有很多特性：加速了土中有机质的分解，属于热性肥料；吸附能力增强，可吸附植物燃烧过程中分解出的速效氮、磷、钾；增加了保温吸热的能力，并且黏着力小、孔隙度加大，可以改良土壤，有利于幼苗出土和根系发育。炕灰是植物燃烧后的残余物，主要成分为草木灰，其主要成分是碳酸钾，几乎含有植物所含的所有矿质元素，呈碱性，可以有效改良土壤的酸碱性，富含的矿质元素可以培肥地力。但是草木灰不可与有机农家肥、铵态氮肥等混合施用，那样会造成氮素挥发损失。

农谚 积肥要巧——积、制、种、保、施、运都做好

农作物的施肥制度，是为供给农作物养分和恢复、提高土壤肥力而建立一整套制度。此句谚语是指农家肥关于积肥、造肥、种肥、保肥、施肥和运肥等一整套的施肥制度。积肥和制肥过程中，要增加来源、提高肥料的质量，这样不仅可以增大肥效，也可以节省在种肥、保肥和运肥的过程中的劳动力成本。施肥要选择合适的种类、合适的时间、合适的位置，最大限度地增大肥效，并促进作物高产。

农谚 扫帚响，粪堆长，天天扫场，赛过养羊

在现代化大型机械没有被普遍使用的时候，一切都靠人力。农村里都会有场院，用来处理收割后的庄稼，场院上的麦糠和作物秸秆都是非常好的肥源，进行堆沤发酵后，是非常好的有机肥。

农谚 厕所下粪缸，攒肥多打粮

人粪尿是一种重要的农家肥料，氮、磷、钾、有机质等养分的含量较高。厕所是人大小便的场所。农村的厕所下设粪缸可以及时收集人粪尿，可以节省劳动力，有效地防止养分挥发，易发酵。发酵腐熟后要及时施用，避免肥分散失。

农谚 秸秆还田，以田养田

秸秆还田，简单地说，就是把前茬作物收获后剩下的秸秆再放回田里然后耕作的技术，一般分为直接还田和间接还田。秸秆还田一方面可以增加土壤有机质，改善土壤理化性状，提高土壤肥力，不仅可减少农业生产成本，提高肥料利用率，提高耕地质量，达到以"田"养田的目的，而且在提高农产品品质方面亦有重要意义；另一方面可以减少焚烧和丢弃秸秆造成的环境污染。不同作物秸秆不同还田方式对改良土壤物理性质、化学性质及增产效果各异，不同还田技术对秸秆的利用效率也是不一样的，所以选择合适的农作物秸秆采用适宜的方式还田才能够达到"以田养田"的最优效果。

第二节　肥料性质

农谚　羊粪当年富，猪粪年年强
猪粪年年强，羊粪当年劲
羊粪如土，上地如虎

羊粪的有机质含量在24%～27%，是畜粪中含量最高的，粪质较细、肥分浓厚，就像土一样，分解细菌活动旺盛，分解快，肥效释放的较迅速，持续时间短，可迅速地培肥地力，促进作物生长。猪粪有机质含量约15%，成分较复杂，含有较多的有机养分，分解缓慢，肥效释放的慢，持续的时间较长，一般可持续几年。

农谚　猪粪肥，羊粪壮；牛马粪，跟着逛

猪粪含有氮（N）0.5%、磷（P_2O_5）0.5%～0.6%、钾（K_2O）0.35%～0.45%；羊粪含有氮（N）0.7%～0.8%、磷（P_2O_5）0.45%～0.6%、钾（K_2O）0.4%～0.5%；牛粪含有氮（N）0.30%～0.45%、磷（P_2O_5）0.15%～0.25%、钾（K_2O）0.10%～0.15%；马粪含有氮（N）0.4%～0.5%、磷（P_2O_5）0.2%～0.3%、钾（K_2O）0.35%～0.45%。由此可见，猪粪和羊粪的养分含量较牛粪和马粪高，再配置农家肥的时候，猪粪和羊粪是主力军、主要成分，牛粪和马粪是次要成分。

农谚　大粪一季；油饼一年

大粪，即人粪尿，属速效农家肥，在生产中只用于一季。"油饼"（即油渣）是长效肥，发酵腐熟后可用于一年的农业生产。

农谚　大粪晒成干，劲头跑一半

人粪尿如果晒干后再施用，其中的主要养分——氮会挥发掉，造成养分大量散失。

农谚 大粪不发酵，危害真不少

人粪尿中的氮磷钾都是人体消化不完全的氮磷有机物，作物难以直接吸收利用，所以大粪易在腐熟后施用，才能有明显的肥效。而且，人粪尿中含有病菌和虫卵，若直接施入田间会危害作物生长，经过发酵腐熟后，大部分被杀死，可减少病菌和虫害的发生。

农谚 人粪尿，贵如金

人粪尿中氮磷钾、有机质的含量很高。人粪中纤维素、蛋白质和氨基酸等约占20%，人尿中有机物约占3%，并且还含有铵盐、磷酸盐等无机盐和微量元素，是农家肥中养分含量最多的，所以“贵如金”。

农谚 草木灰，人粪尿，二者混合失肥效

人粪尿中含氮物质绝大部分为碳酸铵，而草木灰的主要成分是碳酸钾，属碱性物质。碳酸铵遇到碱性物质，就会分解生成二氧化碳和氨气，氨气挥发而引起氮素的损失。因此，人粪尿不宜与草木灰和石灰堆沤。有的地方，人大小便后习惯用草木灰覆盖，以减少臭气，这是不可取的。

农谚 秋板粪，壮三季，不壮不壮又一季

秋板粪，即厩肥，也就是圈粪，是长效农家肥，其肥效可持续2～3年。

农谚 一年牛粪三年猛

牛粪的质地细密，含水较多，但分解慢，发热量低，属于迟效性肥料，一般作为基肥使用，肥效释放慢，可以不断地供给作物所需的养分，肥效可以持续几年。

农谚 粪肥土，土肥苗
多粪肥田，地力常新

农家肥中含有大量的有机质和氮磷钾等植物所需的养分，可以有效地提高土壤中有效养分的含量，改良土壤，促进土壤熟化，培肥地力。经常向田间施入腐熟的农家肥，可以不断地熟化土壤，加厚耕作层，改善土壤团粒结构，提高渗透性、耕作性、土壤中有效养分的含量，进而促进作物出苗和生长，提高产量。

农谚 马粪热，牛粪凉，秋粪不冷不热正相当

马粪中含有大量高温性纤维分解细菌，在分解过程中能产生高温，属热性肥料。牛粪有机质含量在家畜中含量最低，含水较多，分解慢，发热量低，属于冷性肥料。而秋粪即圈肥则是中性肥料。

农谚 羊粪出圈，即可上田

羊粪属于热性肥料，分解较快，肥分丰厚，出圈基本腐熟完成，即可以施到田间。

农谚 粪倒三遍，不打自烂

倒粪即是把堆积的粪便上下翻动并捣碎。倒粪有很多的作用：可以使粪堆的温度均匀一致、微生物的分布均一，腐熟的更充分；可以使粪堆疏松，使通气性良好，加速有氧发酵的进行，加速腐解。在沤制过程中一般进行 3～4 次才可以完全腐熟：第一次在堆后温度升高到 60℃，再持续高温 10 天左右，进行第一次翻堆。翻堆后，温度下降，产生第二次高温后一段时间，进行第二次翻堆；如此反复进行几次，直至完全腐熟。粪堆完全腐熟后，纤维等有机质已经都彻底被分解，堆肥较细、很烂，易被作物吸收。

农谚 粪闲三年成土

农家肥在腐熟发酵后，若不及时施到田间，会造成农家肥中的微生物繁殖过旺，大量消耗养分，使养分损失；并且无机养分的离子之间会不断地反应，造成养分损耗，生成气体，如氨气等，造成气体挥发损耗，长期放置也可能会导致抗性有害菌和病虫害的发生。

第三节　科学施肥

农谚 农家肥为主，化肥为辅

基肥要狠，追肥要准

底肥金，追肥银，巧种还得多上粪

基肥，又称底肥，是在播种或移植前施用的肥料。它主要是供给植物整个生长期中所需要的养分，为作物生长发育创造良好的土壤条件，也有改良土壤、培肥地力的作用。一般作基肥施用的肥料大多是迟效性的肥料，而农家肥具有很多作物生长必需的养分，肥效释放缓慢，是很好的基肥。追肥是指在作物生长中加施的肥料，主要是为了供应作物某个时期对养分的大量需要，或者补充基肥的不足，以速效性化肥为主。生产上一般需要基肥和追肥配合施用，以获得高产。追肥要在农作物生长发育过程中需肥高峰期追施，以发挥最高的肥料利用率。

农谚 千层万层，不如脚底一层

这句谚语强调了基肥的重要性。基肥不仅可以改良土壤结构，培肥地力，同时在作物生长的一生中提供必需的营养，避免脱肥现象的发生。

农谚 多上粪，细细耕，来年一定好收成

肥多禾苗壮

作物需要从土壤中吸取所需的养分才能生长发育，土壤中养分的缺失会直接阻碍作物的生长，需要人为地向土壤中施入作物必需的养分供给作物的需求，即施肥。充足的养分供给，辛勤地耕作，作物才能茁壮成长，获得高产。

农谚 粪合庄稼胃，苗壮叶子肥

钢要用在刀刃上，粪要用在时节上

上粪如配药，全仗手巧妙

多上粪，庄稼好，还看巧不巧

上粪一大片，不如一条线

粪施地皮上，肥料跑一半

明施不如暗施

粪要施进土，一亩顶二亩

麦生胎里富，粪少靠不住

以上几句农谚是说合理施肥、科学施肥，将农家肥的肥效发挥到最大。不同的农家肥含有的有机质和养分是不一样的，肥效释放速度也有差别，要根据不同作物的生长需求有选择地施用。施肥的时节要把握好，充分发挥肥料利用率。农家肥属于迟效性肥料，肥效释放缓慢，若施在地表，易被风干，使养分很难被利用，并造成肥分损失，所以要覆土施肥，或将肥料与土混合施，保护肥力。作物的根系并不是无限生长的，根系集中在主干附近区域，如果农家肥大面积撒施会造成浪费，宜沿根系集中区域撒施，最大限度地提高农家肥的利用率。

农谚 三追不如一底，年外不如年里

追肥的肥效很快，但不能在作物的整个生长期供肥。若追肥不及时，容易造成作物脱肥的现象。而底肥的肥效较长，可以在作物的整个生长期释放养分，所以施一次底肥的作用要比施几次追肥的作用都好。年前施底肥，底肥有一个漫长的冬季进行融冻交替，充分分解，同时可以提高地温，为作物的生长提供良好的土壤环境。因此，农家肥提倡秋施。

农谚 底肥三年壮

底肥一般是长效性肥料，肥效是一个慢慢释放的过程，肥效较长，可以长时间发挥作用，为作物生长提供养分。

农谚 施肥又深耕，明年好年景
秋施肥，好处多，地暄土热产量高
基肥施得足，多收好谷物
庄稼长得好，全靠基肥饱

秋季收获后，深耕施肥，可以疏松土壤，增加土壤通透性，促进底肥中的有益微生物的活动，使肥料充分分解，释放有效养分和能量，以培肥地力和提高地温。深耕可以加厚耕作层，充足的底肥为作物整个生长期的生长提供充足的养分，促进作物根系深扎，增加作物抗性。

农谚 要想秋天多打粮，播种之前送粪忙
底肥足，胎里富

播种之前施足底肥，底肥中含有的有机质、有效养分等，不仅可以疏松土壤，改良土壤结构，还可以提升地温。在种子播种后，疏松、温暖、湿润的土壤环境为种子的萌发创造了良好的条件，提高出苗率，增加产量。

农谚 粪上得细，苗出得齐

施粪时若施得不均匀，会导致土壤环境不一。粪少的区域，地温偏低、有机质含量低、土壤疏松度不好，很难种出壮苗；粪多的区域，土壤结构得到充分改良，为种子创造了一个舒适的土壤环境，利于出苗。但是太多的粪肥集中在同一个区域，可能会造成局部地温过高，出现种子失去活性无法出苗或者烧苗现象。所以，施粪均匀，是出苗整齐的保障之一。

农谚 肥料下得早，谷子长得饱

底肥一般都含有丰富的有益菌，有益菌的活动促进底肥的发酵腐熟。肥料施到田间，有益菌可以不断繁殖，抑制有害菌的滋生，底肥中丰富的有机质也可以改良土壤的理化性质。因此，早施底肥，可以留充足的时间让底肥在土壤中发酵，提高地温，改良土壤性状，促进作物高产。

农谚 因土施肥，少吃多餐

施肥要根据不同的土壤、不同的作物来确定施哪种肥、施多少肥。如黑土地等凉性土壤要施马粪等热性肥料，盐碱地要施硫酸铵、过磷酸钙等酸性肥料。追

肥要根据作物生长规律分阶段追施。

农谚 底肥看茬口，浮粪看苗情

“浮粪”，指追肥。“茬口”，是指在作物轮作或连作中，影响后茬作物生长的前茬作物及其迹地的泛称。茬口特性有季节特性和肥力特性两方面：季节特性即前作收获和后作栽种的季节早迟，收获期早的称早茬口，收获期迟的称晚茬口；肥力特性即前作对后作土壤理化性状、病虫杂草感染的影响特点。施底肥时要根据茬口的季节特性和肥力特性来选择和施用。

“苗情”，是指农作物幼苗生长的情况。追肥要看苗的生长情况，是否健壮、是否缺素等外在表象来判定作物需要什么，再决定施多少量的肥以及施什么类型的肥料，不可盲目乱施肥。

农谚 肥荒一年，草荒三年

“肥荒”，肥料不足。田间作物生长发育期，若肥料不足，会造成植株生长势弱，竞争优势下降，无法遏制田间杂草的生长，杂草就会疯狂生长，掠夺养分和水分，反过来进一步阻碍作物的生长，出现草荒。因此，要增施肥料，加强田间管理，遏制草荒。

农谚 摅口粪，抓把肥

口粪：是口肥的一种，北方地区常用，即在播种时施在种子附近或随种子同时施下的肥料，为种子的萌发提供一个舒适的环境。把肥：即在作物生长旺季按株追肥，每一株抓一把优质农家肥追施，也称“棵抓一把肥”。口粪、把肥，是农家肥施肥的两种方法。

农谚 肥料不下，穗子不大

作物的生长发育需要足够的养分供给才能长的健壮，获得高产。若不施肥，造成作物缺肥，作物长势就会比较弱，果穗小籽实瘪，降低产量。

农谚 以肥保密，以密保产

“以肥保密，以密保产”是实现作物高产的关键。肥料是植物的粮食，增施肥料是合理密植的前提，而合理密植又是高产的基础。

农谚 使用黄粪要掺土

黄粪一般指马、骡、驴粪。在黄粪中掺土发酵，可以增加堆肥的缓冲性和吸收性，减少氮素的损失，同时也为微生物活动创造适宜的生活环境，可以加速发酵。

农谚　黑垆土，上羊粪
　　　涝洼地，上马粪

“黑垆土”的腐殖质深厚、热量条件好，非常肥沃，相当于本身具有很好的底肥，只需要在作物生长过程中根据作物需求追肥即可。羊粪肥效释放快，可作为追肥使用。“涝洼地”是低洼易淹的土地，地温偏低，而马粪具有很高的有机质含量，微生物分解较慢，可以长时间有效地改良土壤结构，且属热性肥料，可以提高地温。

农谚　冷粪果木热粪菜，上了生粪连根坏

“果木”等一般都是多年生作物，生长周期较长，底肥一般应选择肥效较长的肥料。而“冷粪”由于微生物活动不旺盛，分解缓慢，一般肥效较长，很适合果木种植使用。蔬菜的生长周期一般很短，底肥应选择肥效较短的肥料，而热粪中的微生物活动旺盛，分解很快，一般肥效较短，很适合蔬菜种植使用。如果把未发酵的生粪直接施在田间，生粪在地里直接发酵，会施放出大量的热量，烧坏根系。同时，生粪里还含有大量的病菌、虫卵、杂草种子，所以生粪需要发酵腐熟后才可以施用。

农谚　畜怕老来病，禾怕老来红

禾在生长后期出现变红的症状是缺磷导致的。磷是叶绿素的重要组成部分，缺磷会导致叶绿素无法合成，呈现红色或紫色。同时，缺磷会导致种子小、不饱满，会降低产量。

农谚　好钢用在刀刃上，好肥用在攻穗上

作物在生殖生长时期，对肥的要求相比于其他时期更苛刻，此时对养分的需求加大、营养元素需求更全面，此时若出现缺肥或脱肥现象，会直接导致穗小粒少、产量下降等。所以，此时必须追肥，以保证高产。

农谚　用种肥，跟种走
　　　攻穗肥，喇叭口

“种肥”一般在播种时施在种子附近或随种子同时施下。“喇叭口”，是指玉米生长周期中的一个时期，即大喇叭口期。因为此时玉米的第 11 片叶展开，上部几片大叶突出，好像一个大喇叭。大喇叭口期，是营养生长与生殖生长并进阶段，是玉米一生中需肥量最多、需肥强度最大的时期。此期必须加强追肥，防止出现脱肥现象，促进生长与雌穗分化，又有提高光合作用，延长叶片功能期和增花、增粒、提高粒重的作用。

农谚 麦追黄芽谷追节，玉米追在七个叶

这句农谚，是说作物追肥时间的。“节”，拔节。“七个叶”，拔节期。冬麦临冬播种，以幼芽状态在土壤中越冬，称为黄芽麦。冬麦苗期追肥，能促进苗旺苗壮；稻谷拔节时往往需要追肥，让稻苗健壮的成长，并促进日后结穗米质的饱满；玉米7叶时处于拔节期，此时应及时追肥，促进营养体生长、雌雄穗分化等，以获得增产。

农谚 苞谷不上粪，只收一根棍

“苞谷”，即玉米，是一种高投入高产出的作物，营养充足且处于平衡状态才能保证高产和优质，若肥料供给不足，造成营养缺乏，会直接影响作物的生长，使玉米茎秆较弱，穗小且瘪，没有产量。

农谚 猪粪高粱羊粪谷，炕土上糜黍

高粱是需肥较多的作物，所需养分以钾最多，氮次之，但因一般土壤中钾含量较多，所以生产中氮肥用量较大。而猪粪含氮素较多，碳氮比较小，易被微生物分解，很适宜用于高粱种植。“谷”，即粟，耐贫瘠，根系发达，羊粪的有机质含量较其他畜粪多，可有效地改良土壤结构，疏松土壤，利于根系下扎。“糜黍”是糜子和黍子的统称，它的生育期很短，早熟种一般两个月左右，中晚熟种一般三个月左右，所以，糜黍的用肥以速效肥为主，而炕土含有较多的速效氮、磷、钾，很适宜用于糜黍的栽培。

农谚 荞麦上粪，仓里坐囤

荞麦生长期短，可以在贫瘠的酸性土壤中生长，不需要过多的养分和氮素，一般吸取磷、钾较多。粪中含有有效的磷、钾养分，而磷钾肥对提高荞麦产量有显著的效果，促进高产。

农谚 要想豌豆肥，多用草木灰

豌豆适宜在疏松含有机质较高的中性（pH 6.0～7.0）土壤生长，有利于出苗和根瘤菌的发育，土壤酸度低于pH 5.5时易发生病害和降低结荚率。除了盐碱地之外，一般土壤呈现酸性，而草木灰属碱性，可以调节土壤的酸碱性，以适宜豌豆的生长。

农谚 萝卜白菜葱，多用粪水攻

萝卜的吸肥能力强，要求土层深厚，富含有机质，非常适合多施粪肥，满足萝卜生长期的营养需求。大白菜生育期较长，产量高，养分需求量极大，施足基肥是大白菜获得高产的基础，要多施农家肥等。葱定植时要施足压根肥，压根肥以腐熟的厩肥较好，这样在生长中期以前才不会缺肥。

农谚 薯粪肥，草木灰

红薯耐瘠薄，但是吸肥能力很强，想要高产必须施足肥料，红薯对钾的要求最多，增施钾肥有显著增产作用。草木灰的主要成分是碳酸钾，一般含钾6%～12%，所以很适合施用在红薯地里。

农谚 一斤甜菜一斤粪

甜菜在土层深而富含有机质的松软土壤上生长良好，需要多种营养元素，施肥一般以底肥为主，可促进苗期发育，促进甜菜的丰产和高糖分。

农谚 玉米无富肥

“富肥”，多余的肥。玉米是需肥最多的农作物之一。因此，在玉米高产栽培中，需要大量的肥料，故有“无富肥”之说。

农谚 早追三叶肥，早灌三叶水

这句农谚，是指小麦追肥、灌水而言。在麦苗二叶一心（三叶期）时追施，以氮素化肥为主，以促进分蘖和穗分化同步进行，宜弱苗先施，旺苗后施；施肥后，配合灌水，使肥料及时溶于水中被作物吸收，避免肥分损失，同时为小麦生长提供充足的水分。

农谚 天涝追碳铵，天旱追尿素

天涝时，土壤盐分被淋溶，作物易缺肥，同时土壤透气性差，土壤中氧气含量很低，氮肥是可以被农作物直接吸收利用的肥料。碳铵属于铵态氮肥，施入土壤后直接被作物吸收利用，所以适合天涝后追施。而尿素属于酰铵态氮肥，需要在土壤中尿素细菌分泌的脲酶作用下转化成铵态氮才能供根系吸收，需要氧气的参与，易在土壤通气性好的天旱时施用，避免在缺氧环境下出现反硝化作用，造成氮素损失。

农谚 碳酸铵，是气肥儿，挖坑深施盖土堆儿

“碳酸铵”，即碳酸氢铵，又称为“气肥”，在空气中不稳定，容易被分解放出氨气和二氧化碳，挥发性强，造成肥分损失。所以，碳酸铵不能施在土壤表

面，宜挖坑深施，施后覆土。

农谚 水稻不追硝酸铵，烟叶不施氯化铵

硝酸铵不可以在稻田施用，因为硝态氮化肥解离出来的硝酸根离子，在水田易被水淋损失至土壤深层，在缺氧的环境下发生反硝化作用，造成氮素损失。烟叶是忌氯作物，施用含氯的肥料，会明显地影响烟草的产量和品质。

农谚 秧苗起身，还要“点心”

这句农谚指水稻插秧前4～5天追速效化肥，即“送嫁肥”。在水稻秧苗移栽前追施一次“送嫁肥”，以保证秧苗移栽后，发根快，缓苗快，缓苗后的稻秧健壮。但是若移栽前秧苗已经长得十分旺盛，则可以免施“送嫁肥”。

农谚 玉米追肥不用急，前轻中重后补齐

玉米每个生长时期所需的养分比例不同：从出苗到拔节，吸收氮约2.5%，有效磷约1.12%，有效钾约3%；从拔节到开花，吸收氮约51.15%，有效磷约63.81%，有效钾约97%；从开花到成熟，吸收氮约46.35%，有效磷约35.07%，有效钾约0%。由此可以看出，玉米对养分的需求是前轻中重，追肥也应按照这个规律，玉米开花后依据长势判定玉米缺哪种肥，然后有针对性地供给，如若长势非常好，追肥应少量或不追。

农谚 高粱重追拔节肥

高粱拔节时期，营养生长旺盛，需肥最多，占需肥总量的2/3，因此要重施拔节肥。

第四节　肥水结合

农谚 上粪不浇水，庄稼噘着嘴
有肥无水，庄稼噘嘴
肥料虽是宝，没水长不好

这几句农谚告诉我们，在农作物的田间管理上，追肥和浇水必须相继进行，需要肥水结合。因为作物吸收养分和水分是同步的，即营养物质需要先溶于土壤的水中，然后和水一起被根系吸收，最后被作物利用的。若只追肥不浇水，肥料进入土壤后使土壤中养分浓度变大，渗透压升高，到土壤中的渗透压高于作物根系细胞液中的渗透压时，会出现反渗透现象，作物体内的水分反渗透到土壤中，

造成作物失水而萎蔫，严重时会致作物死亡。

农谚 有水无肥，庄稼骗人

土壤无肥水难保

田间管理中，若只浇水不施肥，虽然在正常情况下对作物当时的生长有一定的促进作用，但因速效养分供应不足，作物生长发育将会逐渐变缓，到后期还会影响开花、授粉、结实、果实的膨大及籽粒的灌浆，作物生长没有后劲，最终影响产量的提高。

农谚 庄稼要好，粪大水饱

粪是地里金，水是地里银

作物的正常生长发育离不开水和肥，但是两者不能单独作用，需要水肥结合才可以达到高产的目的。

农谚 天旱长得有肥的，雨涝长得肥大的

这句农谚是说，天旱时（指下雨不多），施肥的地块，农作物可以继续生长；而雨涝时，由于土壤养分随降水淋失较多，农作物易产生脱肥，这时只有施肥充足的地块，农作物才会正常生长。

农谚 地凭粪养，苗靠水长

施肥可以培肥地力，增加土壤中有效养分的含量；而水分则是农作物生长发育最基本的条件。

农谚 雨前施肥苗得力，雨后喷药杀虫多

雨前追苗田，一宿长一拳

雨前施肥相当于先追肥后浇水，而且自然降雨比人工灌溉更加均匀透彻，可以加速肥料的溶解、促进作物吸收，使作物快速生长。田间的部分病菌和虫害是靠风雨传播的，下雨时风雨交加，病菌和虫害广泛传播，雨后喷施药物，可以将这些病菌和虫害杀死在初期，效果会较好。

第四章　降雨与灌溉

第一节　降　　雨

农谚　雨生百谷

地上的农作物需要雨水的滋润才会生长发育。中国古代的农业是“靠天吃饭”的农业，只有天上下雨，地上的百谷才能生长。充沛的雨水有利于农作物的生长，百谷丰收有望，顾名思义为雨生百谷。

农谚　春雨不时，夏雨平池

春天的雨很小很少，一般不会按需要降落；夏天的雨水一般很大，往往下满了水池。

农谚　春雨不沾泥

由于春雨往往下得很小，人行在路上，鞋上很少沾泥。

农谚　春雨不拦路

由于春雨较小，一般情况下路上会正常行人。

农谚　春雨贵如油

春季紧跟着秋、冬两个少雨季节，如果秋、冬两季的降雨很少，土壤墒情本身就不好。进入春季气温回升快，风天多、蒸发强烈，往往容易形成冬春连旱。春季正是越冬作物如冬小麦从开始返青到乳熟期，需要很多的水。玉米、棉花等，从播种到成苗，也要求充足的水。此时，若能有雨水降临，自然就显得特别宝贵，故有“春雨贵如油”之说。中国华北地区春旱较为严重，春雨占全年降水量的10%～15%，有的地方少于10%。

农谚　十年九旱，年年春旱

“十年九旱，年年春旱”，是华北地区的气候特点，因此，各部门要把抗旱保春播工作作为春季农业生产的重中之重。干旱频发地区，应加强春秋季农田整治，采取有效措施提高土壤蓄水保墒能力，及早做好作物种植结构调整工作，不断优化农牧业发展结构；加强农业综合开发，积极推广喷灌、滴灌等高效节水灌溉技术等。

农谚 苗期旱，不算旱，掐脖旱，减一半

苗期水分需求较少；而抽穗扬花期需水量大，对水分要求最为迫切，反应最为敏感，一旦受旱严重，不仅会引起部分花粉不育，导致结实率下降，穗粒数减少，而且还会引起叶片早衰，灌浆期缩短，籽粒干瘪，粒重下降。小麦抽穗扬花期只有 10 天左右，抗旱浇灌有效时期十分有限，一旦错过时机，将无法弥补，对小麦产量的影响将难以逆转。

“掐脖旱”是一句流传在我国北方的农谚。它形象生动地反映了农作物生长需水关键期对水分的需求。作物的水分临界期出现干旱危害，将影响到作物的发育，造成空壳增多，导致减产。谷物、小麦、水稻等水分临界期多是在生殖器官形成期，一般是拔节抽穗期，这时期缺水将影响小花分化，雄穗迟迟不能抽出，犹如“掐脖子”，使作物的穗粒数降低。华北地区的春旱对冬小麦来讲，主要是影响临界期的水分供应。对玉米来说，水分临界期主要发生在抽雄穗前“大喇叭口”时期，此时的干旱，群众称之为“掐脖旱”。华北地区的初夏旱，正值春玉米的大喇叭口时期，将直接影响到雄花的正常发育。近年来，北方一些地区搞“三种三收”的种植制度，二茬玉米代替过去的春玉米，因二茬玉米生育期推迟，相应地比春玉米容易避开初夏旱的危害。但这仅仅是相对而言，有些年份雨季来得迟，在水分临界期时缺水，仍会受到“掐脖旱”的危害。

农谚 伏旱如刀刮，秋旱如刀刮

伏旱是指在三伏天时候的旱情。夏季是农作物生育旺盛的时期，伏（夏）旱虽不及春旱出现的频率高，但对作物的危害一般较春旱重，所以有“春旱不算旱，夏旱减一半”的农谚。秋旱影响秋作物的成熟和冬小麦的适时播种，造成农作物生长需水不足，减少产量。秋旱对农业生产的威胁比春旱还大，故有“秋旱如刀刮”之说。

农谚 伏里无雨，囤里无米

伏天里，农作物进入抽穗阶段，是需水高峰期。这时如果没有雨，严重影响农作物的生长发育，严重影响收成。

农谚 有水无肥一半谷，有肥无水望着哭

只要有水就算没有肥料也能有一半的收成，如果没有水就算有再多的肥料农作物也不会很好生长更不会有什么收成。

农谚 黑夜下雨白天晴，打的粮食无处盛

这句农谚说明上述天气现象有利于庄稼的生长和丰收。晚上下雨给庄稼提供了充足的水分，白天晴好促进光合作用，庄稼生长旺盛，所以丰收。

农谚 三伏雨能接三月雨

三伏里的雨雨量大，充分提高土壤含水量，有时甚至能达到饱和状态。这时的土壤水分，能持续到第二年农历三月。

农谚 华北平原，春旱夏涝

华北地区春季气温回升快，加上多风，蒸发力度比较强，而且缺少降水，因而这里春旱相当严重。春旱对华北地区的农业生产十分不利。华北平原处于温带季风区，夏季受来自海洋的东南季风影响，降水多且集中，再加上华北平原地势平坦，排水不畅，所以容易造成夏涝。

农谚 秋雨涝山早霜迟

秋天的雨多了，丘陵山区土壤含水量大，早霜会推迟。

农谚 夏雨少，秋霜早
夏雨淋透，霜期秋后

土壤含水量和早霜霜期关系十分密切，如果夏天雨水少，霜期来得就早；如果夏天雨水多，霜期来得就迟。

农谚 三伏有雨多种麦，三伏无雨休种麦

三伏雨对北方冬小麦播种面积影响较大。夏季、秋季降水偏多、底墒好，可适当扩大冬小麦种植面积；夏季、秋季降水偏少、干旱少雨，可减少播种面积。同时三伏雨也预示着来年小麦的丰歉。“休”，不要的意思。

农谚 春旱不算旱，夏旱减一半

夏季气温高，农作物生长旺盛，需水量大，如无雨、少雨或降水不及时，就会形成夏旱。夏旱虽不及春旱出现的频率高，但对作物的危害一般较春旱重，所以有“春旱不算旱，夏旱减一半”的农谚。

农谚 淋伏头，晒伏尾

入伏前一天（伏头）如果下雨，三伏后就会干旱。

农谚 头伏有雨，伏伏有雨

“伏”指“三伏”，是一年中最热的日子；三伏是初（头）伏、中伏和末伏的统称。如果头伏下雨，二伏、三伏都要下雨，形容伏天雨水多的意思。

农谚 淋伏王，一天一场

“伏王”就是入伏的第一天。如果这天下雨，整个伏天就会阴雨连天，天天下雨。

农谚 四月逢春雨，麦收有保证

小麦四月份进入孕穗期，先后开花、授粉、灌浆，水分需求量较大。因此，四月份若下雨，当年的小麦收成就有了保证。

第二节 兴修水利

农谚 旱田改水田，一年顶三年

“旱田靠天收，水田旱涝保收。”旱田雨水大了淹了，雨水少了干了，常常是辛苦一年收成不多。水田是指按一定设计标准建造水利设施，旱时能浇灌，涝时能排水，以保证遇到旱涝灾害仍能高产稳产。因此，“旱田改水田，一年顶三年”是指兴修水利后，把旱地变成水田后，可以旱涝保收，使粮食增产。

农谚 开渠挖江，气死龙王

“渠”，指人工开的用来引水排灌的河道或水道。开渠挖江指兴修水利。我国水资源分布极不均衡，通过兴修各种农田水利工程设施和采取蓄水、引水、跨流域调水、灌溉、排水等措施，调节和改良农田水分状况和地区水利条件，使之满足农业生产发展的需要，促进农业的稳产高产。

农谚 修坝如修仓，澄泥如存粮

“修坝”是指在沟道内修筑淤地坝，淤地坝的拦沙、淤地、滞洪和增产等效益突出。同时，坝地是由洪水泥沙淤积而成的，墒情好，肥分高，每 hm^2 产量一般为 4 000～8 000 kg，在山区建设中备受群众欢迎，被称为“刮金板”。

农谚 能走水路走水路，水路不通走旱路在有着良好的水资源的环境下，可以发展水田及养殖业等。在我国部分山区，干旱是影响农业生产的主要问题，而发展灌溉工程投资大，见效慢。因此，在水资源缺乏的山区要想用水来解决干旱问题是根本做不到的。把农业抗旱的重点从发展灌溉转移到推广有机旱作上来，把发展旱作农业作为发展农业的根本措施，可以使农业生产有较大的发展。

农谚 抓水如抓粮，水足粮满仓

水是一切农作物生长的基本条件，农作物在整个生长期中都离不开水，没有水就没有农业。通过兴建和运用各种水利工程措施，对农业水资源进行合理分配和使用，使之有利于农作物的生产。

农谚 一滴水，一粒粮，井河水里把粮藏

水是粮食的根本，通过兴修水利，充分利用井水、河水为农田灌溉，满足农作物的需水要求，可以提高农作物的收成。

农谚 种不好庄稼一年穷，修不好水利一世穷

农田水利建设是通过兴修各种农田水利工程设施和采取其他各种措施，调节和改良农田水分状况和地区水利条件，改变不利于农业生产发展的自然条件，使之满足农业生产发展的需要，促进农业的稳产高产。庄稼种不好，影响的是当年的收成；而水利修不好，不适合农业生产发展的自然条件不改变，那每年的收成都不会好。

农谚 修库如修仓，积水如积粮

“库”指水库，可起蓄水、灌溉、供水、防洪、抗旱等作用。水是一切农作物生长的基本条件，也是农作物丰产的前提；而修建水库给农作物灌溉提供了保障，为粮食丰收奠定了基础。

农谚 有灌又有排，旱涝双丰收

修建水库，建设排蓄水网，不管发生旱灾还是涝灾，都能保证收成。

农谚 修畦如修仓，省水多打粮

畦是用土埂、沟或走道分隔成的作物种植小区。作畦有利于灌溉和排水。畦灌是一种简便易行的节水灌溉方式，节约的水可以满足更多农作物的需水要求，提高农作物产量。

农谚 旱年收不收，全在垄和沟

干旱年份，降水稀少，无法满足农作物的生长需求，即采取沟垄耕作的方式。在坡面上沿等高线开犁，形成沟和垄，利用垄沟相间的波浪形地形变化，将垄面雨水径流引向种植区，使降水在一定面积内富集叠加，改善局部区域土壤水分状况，保证农作物的收成。

农谚 冬天多打井，丰收有保证

非农忙的冬天里多打井，在遇到干旱的年份，就可以利用地下水源抗旱保丰收。

农谚 旱田靠沟，水田靠埂

旱田供水有限，在作物行间犁沟，可以保水蓄水，保证旱田农作物的生长。田埂是用来分界和蓄水的，可以调节田间的水分状况，保证水田农作物的正常生长。

农谚 修好塘和坝，旱涝都不怕

拦蓄和贮存当地地表径流量小于 10 万 m^3 的地表蓄水设施称为塘坝。塘坝可以调节河流径流量。在洪水期，塘坝可以蓄积一定量的洪水，解决特大干旱应急问题；在枯水期，通过塘坝的放水来增大河流径流量，不至河道断流，解决日常灌溉问题。

农谚 打口水井田变园，一亩菜园十亩田

蔬菜是需水较多的作物，即使在雨水充沛的地区或季节，也要进行人工灌溉。因此，打水井保证水的来源充足，就可以把种粮食的田变成种菜的园子。蔬菜的经济效益高，所以，种一亩菜园能抵得上种十亩庄稼的收入。

第三节　灌　　溉

农谚 夜冻日消，冬灌正好

适宜的冬灌时间应根据温度来定，一般在平均气温 7～8℃时开始，到 3℃左右时结束。夜间上冻，白天化冻，此时冬灌最适宜。

农谚 不冻不消，冬灌还早

如果冬灌过早，气温高，蒸发量大，入冬时失墒过多，起不到冬灌应有的作用。

农谚 只冻不消，冬灌晚了

如果冬灌过晚，温度太低，水不易下渗，从而达不到土壤最佳含水量。

农谚 水肥攻三伏

三伏天大田作物进入营养生长和生殖生长并进的阶段。这个时候作物对肥料的需求，对水分的需求比较敏感，应当加强对农作物的灌水追肥管理。这样才能满足作物高产的需要，利于秋后高产。

农谚 三伏不受旱，一亩打几石

三伏天是庄稼生长最快的时节，这个时候作物对水分的需求比较敏感，如果不受干旱的影响，便能丰产丰收。

农谚 宁可肥等水，不可水等肥

农作物拔节后生长发育较快，是需肥的重要时期，要进行追肥，追肥的最佳时期是拔节后至孕穗期。先施肥再灌水，更能充分发挥肥效。

农谚 天旱不误锄地，雨涝不误灌园

锄头自带三分雨，越旱越要锄地，锄地就能保墒。雨涝时，菜园里有积水，易使蔬菜发生病害，这时要用井水灌园，换掉雨水。因此，农民说："旱灌田，涝浇园。"

农谚 勤灌浅灌，防涝防碱

根据土壤情况进行浇水，沙地容易漏水，保水力差，灌水次数应当增加，应小水勤灌，注意排水防碱。低洼地也要小水勤浇，注意不要积水，并应注意排水防碱。

农谚 先救熟，后救生，水旱不相争

大旱时候给作物灌水，应先给即将成熟的作物灌水，保证基本的收成；如果水资源有富余，再给晚熟的作物灌水。

农谚 麦子喜收隔年墒

"隔年墒"是指上年农历八月至十月的降水。这时的降水有利于小麦出苗、生长，还有利于小麦安全越冬和翌年春季返青。

农谚 麦浇三期

小麦（冬小麦、春小麦）在拔节期、抽穗期、灌浆期（俗成三期）为三个需水高峰期，因此，在这三个时期灌溉，小麦才能获得丰收。

农谚 麦浇三叶胎，麦收三月雨

三叶期是指田间50%以上的麦苗主茎节三片绿叶伸出2 cm左右的日期。麦苗长到三叶期以后，种子养分耗尽，幼苗靠自身的光合作用制造养分，供生长发育需要，此时麦苗根少、叶小，急需跟上水肥管理，促进增根长蘖，壮苗早发。三叶期雨水适量可以提高小麦成穗数量，增加产量。

农谚 麦怕胎里旱

指小麦下种后的发芽至出苗期，最怕地里干旱无墒，此时如果土壤干旱，严重影响出苗。

农谚 寸麦不怕尺水，尺麦但怕寸水

小麦拔节期以前苗体较小，但耐湿性较强，遇田间积水对植株生育影响不大。拔节以后根层深、根量多、株体大，但耐湿性变弱，土壤湿度大会导致湿害、渍害、倒伏。

农谚 麦收底墒水

“底墒水”是指小麦播种前夏季、初秋降水以及灌溉形成的土壤贮存水。底墒水不仅使小麦形成冬前丰产群体，而且还能供应小麦春季生长甚至小麦后期生育用水。因此，底墒水对小麦产量具有重要作用。

农谚 苗期头水早，穗大产量高

此句农谚专指小麦而言。“二叶一心”期灌水即为头水。二叶一心期小麦开始穗分化，需水肥急剧增多，此时灌水要早，促进幼穗分化，结合灌水追肥，可以促进大穗形成，为丰产打下基础。

农谚 头水早，二水晚，以后灌水要三看

“二叶一心”期灌水即为头水，此期灌水不能晚，以免影响幼穗分化。拔节期灌水即为二水，此期灌水可延后几天，且灌水量要小，以免底部节间过长造成倒伏。以后灌水要看墒情、苗情和气温，合理灌水。

农谚 头水早，二水赶，三水四水紧相连

小麦“二叶一心”期灌水即为头水，此期灌水不能晚，以免影响幼穗分化。

拔节期灌水即为二水，此期灌水可延后几天，且灌水量要小，以免底部节间过长造成倒伏。以后灌水要看墒情、苗情和气温，合理灌水。孕穗期灌水即为三水，此期是小麦雌雄蕊分化与形成期，及时灌水可使其发育健全，提高结实率，增加穗粒数。灌浆期灌水即为四水，可防止小麦上部叶片早枯，增强抗干热风的能力，增加籽粒的千粒重。

农谚 麦浇小，谷浇老，大豆最怕降霜早

小麦播种出苗期间耗水量大，遇到土壤墒情不足时，要灌水补墒，促进出苗。降霜天气对大豆的灌浆结粒造成不利影响，因此，霜降早了将会造成大豆减产。

农谚 麦浇黄芽谷浇老，大叶作物要勤浇

小麦播种出苗期间耗水量大，遇到土壤墒情不足时，要灌水补墒，促进出苗。谷子生育后期，即开花、灌浆至成熟期，是决定籽粒饱满程度，增加穗粒重的关键时期，为了保证光合作用的旺盛进行、养分运转和正常灌浆，需要充足的水分。“大叶作物”，指玉米、高粱，因植株蒸腾和棵间蒸发量大，因此，作物需水量也就大，需要经常灌溉才能保证良好的生长状态。

农谚 豆浇花，麦浇芽

豆类作物在开花时，需要水分较多，此时浇水能满足开花结果的需要。小麦播种出苗期间遇到土壤墒情不足时，要灌水补墒，促进出苗。

农谚 谷打苞，水满腰

谷子孕穗期是谷子一生中需水量最大、最迫切的时期。该阶段水分充足对谷子穗长、穗重都有重要影响。

农谚 谷子生得乖，无水不坐胎

谷子前期虽然长得好，但是谷子生长中期如不灌水，易造成“胎里旱”和“掐脖旱”，谷穗变小，谷子产量减少等影响。谷子生长中期是决定谷子穗长、粒数和粒重的重要时期，最怕干旱。

农谚 谷出火来烧，麦出水来浇

“火来烧”，指天旱。谷子生育前期，即播种、出苗和拔节，该阶段谷子主要是营养生长，地上部分生长缓慢，消耗水分少，而地下根系发育较快。这时谷子的耐旱性表现得较明显，谷子总体概括为苗期宜旱、需水较少。小麦播种后能

否出苗与土壤的表墒密切相关，墒情好，出苗好；墒情差，出苗率低。要使小麦出好苗，需要补充土壤表层的水分。

农谚 谷怕老来旱

谷子生育后期，即开花、灌浆至成熟期，是决定籽粒饱满程度、增加穗粒重的关键时期，为了保证光合作用的旺盛进行、养分运转和正常灌浆，需要充足的水分。该期干旱易增加秕粒，降低穗粒数和粒重。

农谚 谷怕灌“猫耳”，又怕掐脖旱

“猫耳”，两叶一心。谷子两叶一心时，最怕下大雨、暴雨。因为这时大雨、暴雨溅起的泥土会埋没谷子小苗，从而影响生长。谷子抽穗期是一生中需水量最大、最迫切的时期，如不灌水，易造成“胎里旱”和“掐脖旱”，谷穗变小，谷子产量减少。

农谚 谷莠拖泥穗

谷子拔节至抽穗期需水量最多，此时雨水多，可增加穗长、粒数和粒重，提高产量。

农谚 谷熟不要雨，久雨必返青

谷子黄熟时，遇多雨天气而转青迟熟。

农谚 玉米浇三道，颗粒像扁桃

“浇三道”，即浇三遍水的意思。玉米是需水较多的作物，如果在玉米一生中浇三次水，肯定是丰收的。

农谚 不怕旱苗，单怕旱籽

农作物苗期由于植株较小，叶面积不大，蒸腾量低，需水量较小，所以耐旱能力较强。玉米种子由于籽粒较大，播后发芽时需要水分较多，此时如果土壤水分较少，会严重影响出苗。

农谚 高粱开花连天旱，坐在家里吃饱饭

高粱开花期天气晴朗，有利于授粉结实。

农谚 高粱浇老不浇小

高粱对水分的要求在不同生育阶段有很大的差异。出苗至拔节阶段，植株小，生育缓慢，需水量仅占全生育期需水量的10%，通常有3 cm的降水量即可

满足。这一阶段适当缺水，可促进根系下扎，起到“蹲苗”的作用。拔节后期至孕穗期是高粱需水量最大的时期。这一时期由营养生长转为穗分化阶段，生长发育旺盛，茎秆叶片迅速生长，穗渐形成，若遇干旱就会影响穗分化，造成秃尖码稀，群众称为“胎里旱”。因此，此时需要灌溉。

农谚 黍子最怕歇锄雨

“黍子”，农作物的一种，其米为糯性。在雨涝的情况下，田间土壤湿度很大，地表板结，土壤中的水分散发很快，土壤中空气很少，这些都不利于作物根系的呼吸和生长。这时多中耕锄地，可以疏松表土，加快土壤（以表层土壤为主）水分的散发，还能提高地温和加快土壤气体交换，同时还锄灭了杂草，防止草荒，利于根系的呼吸和生长。

农谚 旱到的糜子遛到的马

“糜子”，农作物的一种。糜子生育期短，耐旱、耐瘠薄，是干旱半干旱地区的主要粮食作物。

农谚 糜子中午旱，再把水来灌

糜子是一种耐旱作物，一般干旱情况下不必灌溉。如果中午糜子的叶子萎蔫了，说明已经干旱到一定程度了，需要灌溉了。

农谚 风吹秧田水放干，雨淋秧田水满田

这句农谚是指水稻秧田而言，是说秧田苗期的水宜浅，如遇大风天气，要把秧田水放干，以免引起波浪摧伤秧苗。刚播种的秧田，在下雨前，要往田里多灌些水，让水稍稍没过秧畦表面，避免雨滴打乱或冲散稻种，影响全苗和秧苗的生长。

农谚 旱收芝麻涝收豆

芝麻比较耐旱，而豆类需要的水分较多。因此，干旱年份芝麻会有收成，而雨水较多的年份豆类就丰收了。

农谚 浇发棵水，追速效肥

这句农谚是专指甜菜而言。甜菜从幼苗期结束到块根膨大时期叫作发棵期。此时的耗水量最多，占生育期总量的51.9%，同时，这个时期需要肥量也最多。因此，这个时期需要追肥、浇水。

农谚 甘薯见湿泥，一天长一皮

甘薯在生长过程中，需要大量水分支撑，才能确保生长得旺盛。

农谚 干花湿荚，亩收石八；湿花干荚，有杆无瓜

这句农谚指大豆对水分的要求而言。大豆从始花期到盛花期，需要晴朗天气，雨水不要太多，而结荚鼓粒期进行灌溉，有利于大豆丰产；反之，大豆产量会很低。“干花湿荚，亩收石八；湿花干荚，有杆无瓜”的农谚反映了大豆花、荚期对于水分的要求。

农谚 秋涝收大豆

秋季正值大豆鼓粒期，干物质积累加快，此时要求充足的水分，雨量增加可使大豆增产。

农谚 豆子开花，垄沟摸虾

大豆开花的季节，是需要大量水分的时候，哪怕是豆田的垄沟里有水有鱼虾，也不会影响豆子正常生长。大豆开花期只要雨水不淹没整个豆棵，都不会影响大豆的正常产量。

农谚 旱谷涝豆

谷子是比较耐旱作物，一般不用灌水。而大豆的生长需要充足的水分和肥沃的土地。

农谚 浇花不烧籽

这句农谚是专指白菜、萝卜繁种田而言，意思是说，白菜、萝卜繁种田，当白菜、萝卜开花时，需要大量的水分，此时浇水，能促进白菜、萝卜花朵旺盛、授粉良好、结实率高；而籽实时则不宜浇水，若此时浇水会影响籽实正常成熟。

农谚 干花湿荚，浇荚不浇花

在豆类蔬菜花期浇水，过多的水分会降低雌蕊柱头上黏液的浓度，使雌蕊不能正常授粉而落花落荚，降低产量；在结荚鼓粒期需要的水分较多。

农谚 宁舍春雨，不舍秋雨

谷类作物生育前期比较耐旱，而生育后期是决定籽粒饱满程度、增加穗粒重的关键时期，需要较充足的水分。

第五章　良种与选种

农谚　一粒入地，万粒归仓

春种一粒粟，秋收万颗籽

春种一粒谷，秋收千粒粮

一粒农作物种子可以收获一万粒粮食。从“一粒粟”化为“万颗籽”，深刻地说明了种子和粮食产量的关系。

农谚　好种出好苗，好花结好瓢

好种出好苗，好树结好桃

母壮儿肥，种好苗壮

种是宝中宝，离它长不好

只有使用遗传性状优良并且稳定、丰产稳产抗逆性突出的品种，并且其种子籽粒饱满，纯度一致，种植后才能达到苗全苗壮，获得较高产量。

农谚　种好粮满仓，种赖一把糠

一粒良种，千粒好粮

种好三分收，种差三分丢

优良种子是农作增产的内在条件，能确保粮食增产丰收。

农谚　保种如保粮，留种如留金

宁留一斗种，不留一斗金

备好两套种，不怕老天哄

备好十样种，敢与老天争

种子多几宗，不收这宗收那宗

留足种子，有备无患，如前茬遭灾，可以改种其他。“两套种”，是同一种作物留有两倍种子。“十样种”是留种多样化，此种失败，再换另种，以保证生产不致因缺种或单一而落空。

农谚　东串西串，良种才能发现

冬闲季节应抓紧良种串换，可把邻近环境条件相同地区的优良种子串换来使用。

农谚 百里回种

旱倒水，沙倒黏，高山下平川

三年山前多打粮，三年山后打粮多

连在山前种八载，不问也是一把糠

异地换种如上粪

以上几句农谚，均指异地换种的重要性。异地换种对提高作物产量，改进品质，增强作物的抗逆能力，扩大作物栽培区域，有着十分显著的作用。

农谚 要想多打粮，田间选种忙

一要质，二要量，田间选种不上当

种子纯不纯，田间看得准

家选不如场选，场选不如田间选

从当地自然条件和栽培水平出发进行选种，选择具有高产、稳产、成熟期适中、抗病、抗倒、抗旱耐涝、纯度好，籽粒饱满、色泽新鲜一致的种子。田间选种能直接看到作物的生育状况，能根据选种标准选择优良品种，能充分发挥良种的增产作用。

农谚 选种忙几天，丰收一年甜

秋季田间只用几天时间，而选好种子，可以保证第二年的丰收。

农谚 种子田，好经验，忙一时，甜一年

选种的方法，一般常规种子有“三圃制”“两圃制”“简易原种”等选种方法。最简单的方法就是有计划地建立种子繁殖田，通过去杂去劣获得原种，从而保证第二年的丰收。

农谚 片选不如穗选好，穗选种子质量高

“片选”是春季建立留种田的地块。选留时，先除去杂株、病株、弱株，然后混合选留作种。穗选是在田间选择优良品种的壮实穗子，留作种子。穗选可以保持品种的质量。所以，选种片选不如穗选。

农谚 立秋处暑秋收忙，秋季选种正相当

进入秋天，各种农作物相继成熟。为确保明年有好种子播种，秋收之时必须做好田间选种工作，保证来年的农业丰收。

农谚 种子复选好，增产才牢靠

复选种子不上当，出土的苗儿粗又壮

对上年选留的种子，播种后在秋收时再次复选，逐年循环，经 3～5 次提纯复壮后，就可以选择出优良的种子。选后的种子籽粒饱满，发芽率高，播后出苗快，苗全苗壮，根系发达，分蘖多，成穗高，可促进增产。

农谚 种子三年，不选要变

麦种三年，不选要变

豆种三年，不选要变

不选优良种子，种子就会退化，就会出现植株高矮不齐、成熟早迟不一、产量降低、品质变劣、抗性减弱等问题。

农谚 苦瓜籽结不出甜香瓜，不选种长不出好庄稼

生物具有使其子代保持与亲本相似的本能，从而保持各种生物的相对稳定。因此，苦瓜种子结不出甜香瓜，差的种子也长不出好的庄稼。

农谚 种子不选好，种来种去成了草

如果没有选择优良的种子，即使费时费力地耕种，也不会长出好的庄稼。

农谚 种子要好，三年一倒

要想种子好就要不断轮换，不要总是种一种种子。

农谚 人工授粉好处多，颗颗粒粒挂珍珠

因自然授粉全依靠风传或者昆虫授粉，往往不均匀，传粉量少，因此，自然授粉常常产量不稳。采用人工授粉时，授粉花朵明确，授粉均匀。因此，人工授粉是提高种子纯度和产量的重要措施。

农谚 粒大苗子肥，身大力不亏

粒大饱满的种子含有较多的营养物质，可使种子萌发时有充足的营养，萌发出的幼苗更茁壮。

农谚 试验示范，外地引种要评判

引进外来种子时，要先做试验示范，调查记载其生育期、抗病性、抗旱性、抗倒性、产量表现及品质优劣，这样才能确定引进品种能否在当地推广应用。

农谚 选得好，晒得干，来年麦子没黑疸

小麦散黑穗病，俗称“黑疸。带菌种子是散黑穗病病害传播的唯一途径。小麦扬花期空气湿度大，常阴雨天利于黑穗病孢子萌发侵入，形成的带病种子多，翌年发病重。因此，选好种子，晾干种子，可减少来年小麦黑疸病的发生。

农谚 高山繁种防退化

马铃薯就地留种易退化，产量会逐年下降，同时表现出各种畸形、病害，造成产量变低，品质变劣，最后失去种植价值。大量的研究结果表明马铃薯病毒的侵染是发生退化的内在原因，而高温则是引起退化的外在条件。高海拔地区一般都是气候冷凉、温差大，不利于蚜虫繁殖，同时具有光照充足、通风好等特点，可以减轻病害发生。因此，高山繁种的马铃薯能防止种薯退化。

农谚 种薯年年选，产量步步高

马铃薯的产量和质量与种薯密切相关。种薯不行，产量和质量就会大打折扣，病毒一旦侵入马铃薯植株和块茎，就会引起马铃薯严重退化，并产生各种病害，从而导致马铃薯产量大幅下降。年年选留马铃薯种薯，可确保马铃薯高产。

农谚 种子年年选，产量步步高

这句农谚是说选种不能一劳永逸。任何优良的品种，不注意选种子，时间一长，就会产生混杂退化现象。又因在不同自然条件和植株不同部位生长的种子，也必然有好坏的差异。因此，只有通过年年选种，才能不断地保持品种的优良特性。

农谚 今年杂一粒，明年变百粒，后年杂一片
今年混一粒，明年混一把，三五年后全混杂

由于良种中混进不同品种的种子，如不注意去劣去杂，今年混进一粒籽，明年杂了百粒种，使品种由纯变杂，甚至完全丧失了原品种的增产特性。引进的良种，由于自然条件，栽培制度的变化，时间久了，也会发生退化变劣的现象。

农谚 千算万算，不如良种合算

如果只追求其他生产和栽培条件，而没有使用良种，肯定不会获得好收成；而只有使用了良种，并且在适宜的区域和配套的栽培条件下种植，才能达到增产增收的目的。

农谚 种地选好种，土地多两垄

选用优良品种可大幅度提高农作物产量。假如种同样面积的良种，与种植一般种子相比较，就可以获得1.2倍的产量，相当于扩大了种植面积。

第六章　病虫害防治

农谚　以防为主，综合防治

百治不如一防

要判断“以防为主”体现程度，先要弄清“防”与“治”的区别界限：“防”就是在害虫大量发生为害以前采取措施，使害虫种群数量较稳定地被抑制在足以造成作物损害的数量水平之下，体现在稳定、持久、经济、有效地控制害虫的发生以及避免或减少对生态环境的不良影响。而“治”仅是要求做到在短期内控制病虫害的为害，指采取措施控制害虫大量发生为害之前。

所谓“综合防治”是对有害生物进行科学管理的体系，是从农业生态系总体出发，根据有害生物和环境之间的相互关系，充分发挥自然控制因素的作用，因地制宜，应用必要的措施，将有害生物控制在经济受害允许水平之下，以获得最佳的经济、生态和社会效益。因此，综合防治是从农业生态系整体观点出发，以预防为主作前提，创造不利于害虫发生而有利于作物及有益生物生长繁殖的条件。在设计综合防治方案时，必须考虑所采取的各种防治措施，对整个农业生态系的影响，这就是从全局观点（或生态观点）来理解的方针。同时，应以综合观点，去认识各种防治措施各自的优点和局限性，任何一种防治方法都不是万能的，不可能期望单一的措施解决所有的问题，而且也不是各种措施的简单累积。必须因时、因地、因虫制宜，协调运用各项必要的防治措施，达到取长补短，充分发挥各项措施最大威力，取得最好的防治效果。最后是经济观点和安全观点，综合防治的目的是控制害虫种群数量，防治病虫害的目的是保护农业生产，使农产品的数量和质量不受影响。因此，我们把病虫害压低至经济允许水平之下，这就达到了防治目的。

农谚　金黄谷满仓，保字不能忘

保护农作物不受各种病虫和鸟、兽、杂草的侵害，使农作物正常生长发育，保苗保到收割丰收时、金黄稻谷装满仓的日子。

农谚　有虫治，无虫防，丰收先保苗健壮

有虫大“扫荡”，无虫早预防

有害虫就及时采取措施控制害虫大量发生为害。无害虫时早预防，在害虫大量发生为害以前采取措施，使害虫种群数量较稳定地被抑制在足以造成作物损害的数量水平之下。做好病虫害防治工作，是确保苗齐、苗匀、苗壮、苗全，夺取丰产丰收的重要保证。

农谚 一株不治害一片，今年不治祸明年

“一株不治害一片”，是因作物病害常由一点开始，而后向四处扩散蔓延，如马铃薯晚疫病，黄瓜霜霉病等。“今年不治祸明年”，又在于一株病苗到秋后可繁殖数以万计的病菌孢子，有的在种子上、土壤中，或病株残体上越冬，成为来年的病源，如麦类黑穗病、谷子白发病等。

农谚 一亩不治，百亩遭殃

病虫害扩散蔓延速度非常快，害虫大量发生为害之前，如果没能采取措施控制住，一旦大面积暴发将很难控制，造成严重损失。

农谚 治病治虫没巧，治早治小治了

治早、治小、治了：防治农作物病害，应以防为主，早治，彻底治。

农谚 水灾一条线，旱灾一大片，虫灾最全面

水旱灾害在局部地区可造成大的为害，虫害发生范围广，为害面积大，不可一日无防。

第一节 农业防治

农谚 要想害虫少，除尽田边草

杂草滋生病虫害，应尽早翻土、锄草，以保来年庄稼丰收。

农谚 满地杂草拔个净，来年少招虫和病

杂草抗逆性强，不少是越年生或多年生植物，其生育期较长。田间许多杂草都是病、虫害的中间寄主。当作物出苗后，病原菌及害虫便迁移到作物上为害。因此，锄净田间的杂草，可以减少病虫害的发生。

农谚 拾净谷茬，病虫不发

因为谷茬、谷草和地边杂草是病虫害的主要过冬场所，所以要结合整地，在

谷子收获后及春播前，把谷茬彻底清除干净，这样可大大减轻病虫害的发生，尤其是可以大大减轻粟灰螟（谷子钻心虫）的发生。

农谚 秋天把地翻，害虫命归天
秋耕深一寸，害虫无处存

秋天翻地破坏了地下害虫的越冬场所，在冬季低温下，有利于消灭田间越冬害虫。

农谚 一亩不秋耕，万亩遭虫殃

秋季深耕后，破坏了地下害虫的越冬场所，在冬季低温下，有利于消灭田间越冬害虫。秋季若不耕作，部分害虫成功越冬，由于虫害扩散蔓延速度非常快，将大面积发生虫害，造成严重损失。

农谚 耕田过冬，虫死土松

秋季深耕后，破坏了地下害虫的越冬场所，在冬季低温下，有利于消灭田间越冬害虫。秋耕可使板结的土壤疏松变为活土，并改善耕层的理化性质和生物状况，保蓄雨水，提高肥力。

农谚 收蜂先收王，灭虫先灭“娘”

蜂王是蜂群内唯一生殖器官发育完全的雌性个体，蜂王的生殖器官特别发达，是专门繁殖下一代的。综合虫害治理，治标治本，要从源头上控制虫害的发生。

第二节　病害防治

农谚 种子不消毒，别怨苗不出

播种前要对种子进行消毒处理，可以消灭种子上带的细菌、真菌、病毒及虫卵，可以减轻地下害虫对种子的为害和某些种子带菌的苗期病害。

农谚 条锈成行叶锈乱，秆锈是个大红斑

这是区别小麦条锈、叶锈、秆锈病症状的通俗描述。小麦条锈病，发病部位主要是叶片，叶鞘，茎秆和穗部也可发病。初期在病部出现褪绿斑点，以后形成鲜黄色的粉疱，即夏孢子堆。夏孢子堆较小，长椭圆形，与叶脉平行排列成条状。后期长出黑色、狭长形、埋伏于表皮下的条状疱斑，即冬孢子堆。小麦叶锈

病，发病初期出现褪绿斑，以后出现红褐色粉疱（夏孢子堆）。夏孢子堆较小，橙褐色，在叶片上不规则散生。后期在叶背面和茎秆上长出黑色阔椭圆形至长椭圆形、埋于表皮下的冬孢子堆，其有依麦秆纵向排列的趋向。小麦秆锈病，为害部位以茎秆和叶鞘为主，也为害叶片和穗部。夏孢子堆较大，长椭圆形至狭长形，红褐色，不规则散生，常形成大斑，孢子椎周围表皮撒裂翻起，夏孢子可穿透叶片。后期病部长出黑色椭圆形至狭长形、散生、突破表皮、呈粉疱状的冬孢子堆。三种锈病症状可根据其夏孢子堆和各孢子堆的形状、大小、颜色着生部位和排列来区分，形象地区分三种锈病为“条锈成行，叶锈乱，秆锈成个大红斑。”

农谚 麦怕“金”，稻怕瘟

“金”，指小麦锈病。小麦发生锈病后，体内养分被吸收，叶绿素被破坏，大量孢子堆突破麦叶、麦秆表皮，严重影响小麦产量和品质。水稻稻瘟病发生于水稻的整个生育期，能对水稻的各个部位造成伤害，导致水稻大面积减产。

农谚 麦怕“黄沙”，稻怕瘟

“黄沙”，即小麦锈病中的夏孢子。小麦锈病是担子菌中几种锈菌寄生在小麦上所引起的病害。受害小麦在生长发育期主要病状表现在叶子或秆上出现鲜黄色或红褐色的粉泡状病斑。显微镜下观察时，可见病斑中为很多单细胞的夏孢子，称为夏孢子堆。它们是由侵入到小麦植株内的菌丝体上产生的。小麦锈病在整个生活史中，除了产生夏孢子外，还产生其他类型的孢子，最多的可产生 5 种孢子，但仍以夏孢子为害严重。夏孢子侵害和蔓延得很快，它从侵入新植株到产生出新的夏孢子只需 8～12 天。造成小麦的严重减产。水稻稻瘟病发生于水稻的整个生育期，能对水稻的各个部位造成伤害，导致水稻大面积减产。

农谚 白籽不下地

“白籽”，指没经过任何处理的种子。播种前对种子进行包衣或药剂拌种处理，是防治病虫害的主要措施，也是保障农作物全苗、壮苗的关键措施。应根据本地病虫害发生的具体情况，科学调整包衣剂或拌种药剂的种类，确保没经过任何药物处理的种子不进行播种。

农谚 三洗一闷一拌选谷种

“三洗一闷一拌”，清水选种，20%浓度的盐水选种，清水冲洗，拌一定比例的杀虫剂闷种，拌一定比例的杀菌剂。这句农谚是指粟类作物（谷子、黍子、糜子）选种的方法。即先用清水去秕籽，再用 20%盐水漂去不饱满的籽粒，然后用清水洗盐；将清选好的种子用种子量 0.1%的内吸磷类农药如辛硫磷拌种防治地下害虫；同时用种子量0.2%～0.3%的瑞毒霉或金满利或多菌灵等拌种防治白发病和黑穗病；拌种后堆闷6～12 h即可播种。

第三节　虫害防治

农谚　开春杀一虫，强似秋后杀百虫

开春消灭了一条虫，使其不能继续繁殖发展，就等于秋天消灭了上百条虫。

农谚　螟虫灭光，谷米满仓

螟虫种类很多，主要侵害水稻，也侵害高粱、玉米、甘蔗等，严重导致产量降低、品质下降。因此，彻底防治螟虫，才能确保丰收。

农谚　旱生虫，涝生病

这句农谚是说，高温干旱有利于蝗虫、蚜虫等喜旱害虫的繁殖和发生发展；多雨高湿则利于大多数作物病害的发生发展。因此，我们可以根据天气旱涝情况来确定防虫和防病重点。

农谚　谷怕钻心虫

谷子钻心虫，又叫粟灰螟，是谷子发生最重的一种害虫，应重点防治。

农谚　白天打，夜里防，人工不停机械忙

对于大面积发生、暴发生的害虫，如蝗虫、黏虫、草地螟等，要集中人力物力、集中时间，突击防治。

农谚　定期喷药治病虫，禾苗生长一片青

定期喷药防治病虫害，禾苗长势好。

农谚　清明露面，小满芒种乱窜，夏至以后少见
清明少，小满多，夏至以后藏土窝

蝼蛄，清明后上升到地表活动，在洞口可顶起一小虚土堆。小满是蝼蛄最活跃的时期，也是第一次为害的高峰期。夏至以后，天气炎热，蝼蛄转入地下活动。因此，在防治蝼蛄时，要根据后期活动规律进行防治。

农谚　五月鲜桃尖发红，赶快诱杀棉铃虫

运用当地的物候知识进行虫情测报。五月桃子尖刚刚发红的时候，要及时进

行棉铃虫诱杀。

农谚 花椒树发芽，棉蚜孵化

棉蚜是棉花苗期重要害虫，广泛分布于全国各地，已成为棉花产区的主要害虫之一，也是影响棉花产量和品质的主要因素之一。当花椒树发芽时，棉蚜也开始孵化，应进行适时防治。

农谚 杨树发芽，小地老虎始发
杨树开花，小地老虎盛发
柳树飞毛，小地老虎咬苗

小地老虎属广布性害虫种类，能为害百余种植物，是对农、林木幼苗为害很大的地下害虫，主要为害幼苗的根部、嫩茎及幼芽，引起苗木死亡或为害顶芽形成枯心苗，造成缺苗断垄或侧枝丛生。杨树发芽时，是小地老虎的始发期；杨树开花时，是小地老虎的盛发期；柳树飞絮时，小地老虎开始扩散咬断紧邻地面的嫩茎。因此，要根据小地老虎的活动规律进行有效防治。

农谚 榆钱儿落地，黄地老虎蛾子飞出地

榆钱儿落地的季节，黄地老虎由蛹羽化成蛾，继而形成幼虫。此时是防治黄地老虎的最佳时期。

农谚 迎春花开，杨柳吐絮，小地老虎成虫出现

迎春花开，杨柳吐絮，是小地老虎成虫的发生期，应及时进行防治。

农谚 数量大，为害重，大发生，暴食性

这句农谚是指二代黏虫的发生特点。二代黏虫是一代黏虫的幼虫经化蛹、羽化、产卵、孵化产生的幼虫。黏虫喜欢高温、高湿气候，喜欢在杂草上产卵。黏虫具有飞翔能力强，繁殖能力强、食量大、发生快、发展快、为害严重等特点。

农谚 伏天起，伏天亡；秋天起，吃到场

伏天起的指二代黏虫，秋天起的指三代黏虫。我国华北地区二代黏虫发生期为阳历七月中下旬，此时为三伏天。二代黏虫在七月下旬为蛹，所以说二代黏虫“伏天起，伏天亡”。三代黏虫一般在阳历八月中下旬发生，至九月下旬秋收时还有三代黏虫为害，所以说三代黏虫“秋天起，吃到场”。

农谚 放牛小子小嘴嘴，可把甜菜咬成灰

甜菜象甲类害虫，别名放牛小小、放羊牛牛、羊倌牛牛。甜菜象甲可造成缺

苗断垄，甚至毁种，是甜菜苗期毁灭性的害虫。甜菜象甲在甜菜整个生长期中为害，成虫在幼苗为害最重，特别在甜菜幼苗刚露出土面时，成虫将子叶全部吃光。此外，当种子已发芽而幼苗未出土时也会为害，食去幼芽，此时往往误认为出苗不良，因而耽误防治和补种。因此，在防治时，应根据甜菜象甲这些特性进行防治。

第七章　作物栽培

第一节　小　　麦

农谚　种在冰上，收在火上

北方春小麦的种植特点：北方春小麦最适播种深度为 5 cm，太深不利于出芽，太浅易倒伏。播种一般选择在每年 3 月中下旬进行，此时地表冻土化开约 5 cm，而 5 cm 以下的土壤尚处于冰冻状态，正适合小麦播种，因此叫“种在冰上”。麦收一般在 7 月中下旬，此时天气炎热，如身处火炉之中，而又易下雨，易导致小麦腐烂在地里，因此要顶着炎炎烈日及时收割，即“收在火上”。

农谚　旱地小麦不宜早，水地小麦不宜迟

旱地春小麦，指在干旱、半干旱地区依靠自然降水栽培小麦。因为要求小麦孕穗分化与降雨同期获得较高产量，因此不宜早播。水地春小麦，由于有灌溉条件，适时早播有利于春化阶段的通过，获得高产。

农谚　麦种晒一下，胜过催次芽

小麦播前晒种可杀菌，促进种子活力，提高发芽势和发芽率，效果胜过催芽。据试验，晒比不晒的麦种，发芽率提高 14.6%～17.0%，平均增产 14.5%。

农谚　麦种冰凌土，一亩打石五
麦早种，九成收；麦坐冰凌保不丢
麦子种得早，麦穗熟得好
早种麦子分九头，迟种头顶一颗珠

以上几句农谚，是说春小麦适时早播的重要性，春小麦要早种。土壤刚开始解冻时为冰凌土，此时播种小麦出苗早，有利于麦穗的原始体分化，麦粒多。此外，早种有利于培育壮苗，提高播种质量，减少病虫害，是一项行之有效的增产措施。

农谚 冬麦种深，春麦种浅

冬小麦宜深种，因为地表温度太低，不利于根系生长；春小麦要浅种，利于出芽。

农谚 麦收三件宝：穗大、粒多、籽粒饱

小麦高产三要素：麦穗大，麦穗上籽粒多，籽粒饱满。单位面积小麦的穗越多，每穗的实际粒数越多以及籽粒越重，小麦的产量越高。

农谚 麦无二旺

冬小麦在越冬前不宜生长过旺，否则会消耗掉土壤中的大量养料，导致返青后养料供应不足，引起早衰，降低产量，也就是俗话所说的“冬旺春不旺”。

农谚 麦子不怕草，就怕坷垃咬

麦子密度大，根系强，一般杂草压不住它。但播种时地表层土坷垃不宜多，否则幼苗出土时被压住出不来，导致苗稀而减产。

农谚 麦怕三月寒，棉怕八月连阴天

农历三月，正值冬小麦拔节抽穗的时候，此时最怕寒冷。农历八月，正值棉花吐絮，分批采收需要晴天，最怕下雨。

农谚 麦收四月雨

华北平原的冬小麦抽穗期一般在农历四月，日耗水量比拔节期略有增加，尤其是在抽穗前后，茎叶生长迅速，绿色面积达一生最大值，耗水量大。四月下雨有助于冬小麦孕穗抽穗，麦子有望丰收。

农谚 麦子怕冬旺，耙耘碾锄一起上

矮化栽培不用愁：挠子、碌碡、加喷头，挠子挠掉无效蘖，碌碡压短下半截，喷头拉住上半截

要粗不要高，起来就摁倒，下面肥水攻，上面挠压喷

这几句农谚是指防止小麦倒伏的技术。倒伏是影响小麦增产的重要因素，进行矮化栽培，小麦茎秆粗壮，有利于防倒伏。无效蘖会消耗营养，不能长成麦穗，分蘖后期用挠子可以挠掉无效蘖。小麦适时镇压能起到控旺促壮的作用，用碌碡（liù zhóu）在拔节前镇压，能抑制地上部生长，缩短一、二节间长度，增强抗倒力。喷施矮壮素可以使节间缩短，使植株变矮，茎秆变粗，抑制上半部分旺长。

农谚 麦子掉了头，高粱埋住牛

形容小麦、高粱丰产时的景象：麦穗麦粒多而重弯下来，整片望去，像掉了头一样；高粱长势强壮，能将整头牛埋住。

农谚 麦子丰收顶住斗，高粱丰收夹死狗

“斗”，斗笠。形容麦子、高粱丰收时的景象：麦子丰收还未收割前，在上面放一个斗都不会掉；高粱丰收的时候高粱秆挺立，健壮，很难左右摇晃，恨不得夹死狗。

农谚 麦收两怕：风刮、雨下

“风刮”，麦穗互相碰撞摩擦，易掉落籽粒。“雨下”，易使小麦倒伏，籽粒霉坏生芽。

农谚 九成熟，十成收；十成收，一成丢

麦收的最佳时期是在小麦的蜡熟中后期，即九成熟的时候。此时小麦籽粒中干物质积累达到最高峰，生理也完全成熟，产量高，品质好，可以收十成。完熟期（即十成熟时）的小麦茎秆、叶、根已不能再制造和积累养分，但呼吸仍在消耗，麦粒养分会倒流入秸秆，造成粒重下降，产量丢一成。另外，如果此时遇上阴雨连绵的天气，小麦容易生芽发霉，品质变差，损失更大。

农谚 麦收一晌，龙口夺粮

小麦收获期正值干热风、暴雨多发季，一旦收割不及时，轻则落粒掉穗，重则颗粒无收。这句农谚形容农民麦收时的紧迫与集中，就像在龙口抢夺粮食一样，与天气做斗争。

第二节　玉　　米

农谚 玉米“说话”，追肥打杈

“说话”，指玉米7～9片叶时，风一吹，玉米叶互碰发出响声，像说话。这时玉米开始进入拔节期，此时植株生长快，营养生长与生殖生长同时进行，对水肥需求量大且敏感，需要及时追肥并且追足肥。此外还要防止分蘖争夺主茎养分，要及时将其除掉。

农谚 枝杈一冒，立刻打掉

玉米产生分杈会消耗大量水分和养分，影响主茎生长，降低产量。所以要随时检查，发现分蘖及时除掉，以保证玉米正常生长发育。打杈后不仅使养分集中供给主茎穗，而且可以改善田间的通风透光条件，从而提高产量、产值。

农谚 控上促下，扒土晒根

玉米苗期田间管理的关键是适当控制茎叶生长，促进根系发育，即“控上促下”，达到根多，茎粗壮敦实，叶色深绿，个体壮而不旺。扒土晒根是为促使根系纵向伸展。在玉米苗期，清开根部表土，把地下茎露出来，经阳光照射根部。玉米幼苗扒土晒根能有效地防止玉米丝黑穗病，使植株矮化，增强植株抗逆能力。

农谚 玉米留苗四千五，一亩能打二石五

玉米要合理密植，才能高产。

农谚 玉米拔节叶色浅，秋收粮食顶破天

玉米拔节时，生长非常迅速，每三天长出一片新叶。因此，叶片嫩而颜色发浅，这是丰产的长相。

农谚 玉米授好粉，籽粒结到顶

玉米的花粉在顶端的雄穗上，成熟后，掉落到玉米雌穗上，通过玉米须来授粉。可结合人工授粉，使玉米授粉完全，玉米穗结籽齐全。

农谚 苞米出须，三十五天成熟

玉米雌穗长出须后，过三十五天就成熟了。

农谚 春争日，夏争时，早种一天，早收十天

这句农谚，是指夏玉米的播种期的。意思是说如果播种季节到了，春季莫误日，夏季莫误时。夏玉米种植时，可供玉米生育的时期有限，为争取足够的热量，使玉米充分成熟，夏播玉米播种期越早越好，每早播一天，可使灌浆期延长一天，使粒重增加而增产1%～2.5%，能及早收获，又不耽误后茬冬小麦的正常播种。

第三节 高 粱

农谚 种高粱，三特点：抗旱、耐涝、耐盐碱

高粱是喜温作物，由于其根系发达，吸收水分和养分的能力很强，对土壤酸

碱度的适应性也较强，因此有抗旱、耐涝、耐盐碱的抗逆特点。

农谚 种高粱，三个主：早控、中稳加后促

种植高粱，要做好三个方面的工作：早期适当控制地上部生长，疏苗、间苗、除分蘖，达到苗全、苗齐、苗壮，为后期生长发育打下基础；中期管理要稳，施肥、浇水、除草等均兼顾，注意调节好营养生长和生殖生长的关系，促进根茎叶生长的同时，保证穗正常发育；后期是抽穗至成熟期，为达到增产，管理时要注重促进早熟，增加粒重，可施攻粒肥，喷促熟生长调节剂。

农谚 晒根的高粱，埋根的谷

高粱苗高而稀，根系太浅，不宜承受夏天刮风下雨。苗期把高粱的根锄开，晒在太阳下，过段时间再培土，扎根多而深。谷子苗轻根细且种植密度大，不需晒根，而需要早培土。

农谚 蹲黑不蹲黄，蹲肥不蹲瘦，蹲湿不蹲干

高粱蹲苗的三条标准。苗色浓绿的壮苗(“黑”)可以蹲苗，苗色发黄的弱苗(“黄”)则不宜蹲苗；“肥”和“瘦”是指土壤的肥力，土壤肥沃的地块可以蹲苗，土壤瘠薄的地块则不宜蹲苗；“湿”和“干”是指土壤水分，土壤水分适宜或充足的地块可以蹲苗，土壤水分不足或干旱的地块则不宜蹲苗。

第四节 谷 子

农谚 谷间寸，顶上粪

这是形容谷子及时间苗的好处。早间苗是培育壮苗的重要手段，因为谷子出苗后小苗挤在一起，互相遮阴，争肥争水争光，影响生长。早间苗可以改善株间光照条件，有利于幼苗健壮生长。早间的苗敦实健壮，晚间的苗细高瘦弱。一般要求苗高 1 寸时间苗，每亩地留 3 万株左右。

农谚 谷子种岭坡，穗大籽粒多

在土壤肥力大致相同的条件下，相对于同一品种的谷子，在一定海拔范围内，地势越高，通风、透光、排水条件越好，越利于谷子生长，形成的谷穗越大，谷粒越多。

农谚 谷子、黍子，三年换个主子

重茬谷，坐着哭

这里指谷子不宜连作重茬。重茬谷病虫害严重，谷莠子增多，造成地力下降，品质降低。谷子轮作可以防止白发病、黑穗病的传播发生，减少病虫为害；能减轻或避免杂草和谷莠草的发生为害；可以更好地调节土壤养分，恢复地力。因此，谷子应轮作倒茬，安排合理。

农谚 春谷宜晚，夏谷宜早
谷子播种到立夏
早种年年收，晚种碰年头
早种一把糠，晚种一把米
早谷晚麦不回家
晚谷子，早高粱

谷子抗旱耐瘠，水分利用效率高。在适宜温度下，吸收本身重量26%的水分即可发芽，而同为禾本科的高粱需要40%，是典型的环境友好型作物。春谷不宜早播，其原因有二：一是谷子生育期一般比玉米、高粱都短，无须早播；二是因为谷子是自花授粉作物，早播其开花授粉期正赶上雨季，影响授粉结实，秕粒增多。夏谷生育期较短，一般只有85～90天，夏谷自播种后即处于高温条件下，生长发育快，要早播；一般在冬小麦收获后迅速灭茬整地，利用雨季来临前短暂的旱天，争取苗全，苗壮，扎好根系，延长生育期。一般每晚播10天，减产10%～15%。

农谚 谷收三期，麦收一晌

“三期”：播种期、抽穗期、成熟期，是对谷子全生育期与自然降水的辩证总结，是确定播期的重要依据。适期播种是谷子获得高产的关键。谷子苗期耐旱，有利于蹲苗，孕穗和抽穗期需水较多，要防止“掐脖旱”，成熟期怕淋喜晒，要躲开雨季，促籽粒饱满。根据以上标准选择播种期，北方春谷一般在小满前后播种。“麦收一晌”则是指小麦收获要快。

农谚 谷收三壮
谷怕三荒
谷从苗上起，好苗好收成

苗壮、株壮、穗壮，是谷子高产的关键三要素。谷子最怕苗弱，农田里杂草丛生，是降低产量的主要原因。生产中壮苗是关键，是壮株壮穗的基础。因此，在田间管理中要预防籽荒、苗荒、草荒。壮苗的长相，应该是全苗满垄，生长粗壮整齐，根深叶挺色绿。

农谚 不怕谷粒小，就怕坷垃咬

谷子播种，如果不精细整地，种子及幼根不易与土壤紧密结合；同时，坷垃多，土壤水分易蒸发。因此，要精细整地，防旱保墒，保全苗。

农谚 马蔺开花一片紫，收拾犁耧种谷子

这句农谚是指谷子最适宜播种期的物候学指示。这句农谚的意思是马蔺开花一片紫的时候，正值谷子最适宜播种的时候。

农谚 谷出"黄墒"

"黄墒"指土壤轻度干旱，含水量在8%～12%。谷子生育前期，即播种、出苗期。该阶段谷子主要是营养生长，地上部分生长缓慢，消耗水分少，而地下根系发育较快。这时谷子的耐旱性表现得较明显，总体概括为谷子出苗期宜旱、需水较少。

农谚 谷种一寸，等于上粪
豌豆种深谷种浅

豌豆种子比较大，发芽的时间长，拱土力强，如果播种太浅，易风干失水，造成缺苗断垄。谷子种粒小，播种太深不易出芽。

农谚 谷种黄墒麦种泥

墒，即田里土壤的湿度。黄墒一般指土壤含水量为12%～15%的土地。对于播种小麦而言，黄墒时土壤含水量不足，不利于小麦的发芽、生根、出苗，小麦播种需土壤含水量50%以上。如果土壤含水量不足，可以在播种后浇"蒙头水"。谷子抗旱耐瘠，可在黄墒的土壤播种。

农谚 巴掌宽，鸡爪苗，稀稀拉拉不断条

这句农谚是针对谷子留苗而言，意思是说，谷子留苗幅度要宽，要达到巴掌宽（10 cm左右），要留"鸡爪苗"，不能缺苗断条。

农谚 谷子"扛枪"，不动犁杖

"扛枪"指谷子已出旗叶，即将抽穗，这时不能再用犁杖去培土，因为这时谷子根系已经很发达，用犁培土，会伤根系，严重影响产量。谷子的培土，要在苗高20～30 cm时进行。

农谚 谷压"猫耳"

"猫耳"，即谷苗两叶期。此时镇压谷苗，有控上促下的作用，可促进谷苗生根、扎根，有助于后期防止倒伏。

农谚 谷多一层根，多打一百斤

谷子耐旱耐瘠薄、抗逆性强的特点与其发达的根系有关。分布广和分枝多的根系可使植物充分吸收利用贮存在土壤中的水分，使植物渡过干旱期，使地上部位的干物质顺利积累，达到高产。

农谚 淋出秕来，晒出米来

这句农谚是指谷子开花期天气旱涝对籽实的影响。谷子开花时若遇阴雨天气，影响授粉，秕粒增多；在灌浆成熟期间，需要充足的光照条件，光照不足，籽粒成熟不好，秕粒增加。农谚"淋出秕来，晒出米来"指的就是这个时期。

农谚 前期不蹲苗，后期割干草

这句农谚是专指谷子而言。谷子生长前期宜蹲苗，从而促进根系下扎，能充分吸收土壤养分和水分，并使茎秆粗壮，抗倒伏。如果前期不蹲苗，造成茎秆徒长，不抗倒伏。

农谚 谷子死三死，秋后一笆籽
小苗旱个死，老来一肚籽

这两句农谚，均指谷子而言。谷子苗期耐旱性极强，地上部分生长缓慢，消耗水分少，有利于地下根系发育，因此谷子即使在出苗期遭遇严重干旱，秋后也能丰收。

农谚 糜谷百日还仓

糜子具有早熟性，生育期相对比较短，一般100天左右。

农谚 谷种泥窝，黍种黄墒
旱到的糜子，遛到的马
旱年收粗田，糜黍最保险

"糜黍"抗旱、耐贫瘠、适应性很强，干旱贫瘠的土地种糜黍最保险。"糜黍"的种子发芽所需水量极少，当土壤湿度下降到不能满足其他作物发芽要求时，糜黍仍可正常发芽。其根系发达，在土壤中分布广，能从土壤深层吸收水分和养分，其管理也比较粗放，不施农肥或只施少量化肥，其产量仍然很高。因此糜黍可以种在瘠薄的、不适宜种植大宗粮食作物的旱坡地上。另外，糜黍是喜温作物，整个生育期都需要较高的温度及比较干燥的气候，气温较高和光照充足的干旱年份，糜子常获得高产。

农谚 五谷尽藏，以粟为主

古时，谷子有过“禾”“稷”“谷”“粟”等不同的名称。倘若贮藏条件适当，谷子可保存十几年甚至几十年，一直冠以五谷之首。

农谚 谷子浑身宝，人畜离不了；人吃小米饭，牲畜吃干草；谷糠喂肥猪，茬子当柴烧

指谷子的重要价值。谷子浑身上下都是宝：米粒可以做小米饭，营养价值大；谷草可以喂牛马；谷粒脱出后的谷糠是喂猪的好饲料。

第五节 大　豆

农谚 豆啊豆，四、五、六

指大豆每穴播种的种子数。大豆播种采用穴播，将种子均匀撒入穴内，每穴最好播种 4～6 粒，且播种不宜过深，以保证出苗率。

农谚 豆啊豆，六十六

指大豆从播种到开花结荚需要 66 天左右。

农谚 大豆叶碰叶，蚕豆荚碰荚

指大豆、蚕豆密度与丰产长相。大豆不宜密植。豆科植物对光照条件比较敏感，若种植过密造成茎叶茂盛，田间透光通风差，会引起落花落荚，形成秕粒，造成减产。

农谚 豆子入了夏，一日一个杈

形容夏至之后，豆子长得很快。

农谚 伏里种豆，收也不厚

进入伏天，由于到秋收的时间已经不多了，因此不能再播种生育期长的作物了。尽管豆类作物中有的品种生育期比较短，但伏天播种，产量也不会高的。

农谚 豆种泥窝，打得挺多

大豆种子颗粒较大，发芽要求较多水分，其开花期要求土壤含水量在 70%～80%，否则花蕾脱落率增加。因此，大豆种植在含水量较大的土壤中，会

获得高产。

农谚 早种十天豆，顶施千斤肥

指大豆宜早播。

第六节 棉 花

农谚 枣发芽，种棉花

指枣树发芽时，是棉花种植的最好时间。我国棉花的主要种植区是华北地区，平均无霜期180天左右，而棉花的整个生长期约200天，往往正当棉花还在大量吐絮的时候，就遇到秋季霜冻，严重影响棉花的产量和品质。所以，适时播种是保证棉花丰产的重要环节。华北地区的枣树，一般在清明、谷雨之间发芽，正是播种棉花的适宜季节。

农谚 小满种花，收不到家

生产实践证明，棉花产量和播种期的关系，大致谷雨是一条界线。过了谷雨，播种越晚，产量越低。如果迟到小满，就连收成也很难保证。无霜期越短，棉花越要适时早播。

农谚 头伏掐尖，二伏打杈
棉花不打杈，光长枝叶不开花
棉花不掐尖，长得冲破天

这几句农谚的意思是棉花要打杈、掐尖及打杈掐尖的适宜时期。掐尖、打杈是棉花生产中的一项简单易行的增产措施，其主要目的就是调整株型，合理地调节植株体内营养物质的分配和运输，协调营养生长和生殖生长，以减少养分的无谓消耗，对防止作物贪青徒长，促进早熟，提高产量，改善品质都有着重要的作用。掐尖能控制棉株主茎生长，避免出现无效果枝，促进棉株多结铃、少脱落。

农谚 花见花，四十八

正常播种的棉花，从开花到开始吐絮，一般需要48天左右。

农谚 棉花入了伏，三天两日锄

入伏时节，随着气温的升高，棉田里的杂草生长很快，不仅与棉花争水争肥争阳光，而且是多种病菌和害虫的寄主。中耕锄地是夏至时节棉花高产极重要的增产措施，不仅能除去杂草，抗旱防渍，又能提高地温，加速土壤养分分解，对促进棉花苗期健壮生长有十分重要的意义。

农谚 棉锄七遍白如银

杂草是影响棉花生长及产量的“天敌”，棉田杂草与棉花争夺养分，影响棉花生长。因此，棉田多锄，是夺取棉花丰收的主要措施之一。

农谚 棉花伸开拳，一棵摘一蓝

这句农谚说的是棉花长相和产量的关系。“伸开拳”是比喻，意思是棉桃全部开放，是棉花丰产的长相，一棵棉花就能采摘一篮棉花。

农谚 棉花不治虫，秋收一场空

棉铃虫专门吃棉铃。棉铃是棉花的果实，成熟了就是可供收获的棉絮。棉花不防治棉铃虫，对产量影响极大。

农谚 芒种不出头，不如拔了喂老牛

芒种是农历二十四节气中的第九个节气，夏季的第三个节气，表示仲夏时节的正式开始，长江中下游地区将进入多雨的黄梅时节。此时如果棉花还不出现花蕾，由于生育时间已经不多了，会产量很低，还不如拔了喂老牛。

第七节　水　　稻

农谚 人怕志穷，稻怕秋旱

水稻的灌浆盛期在秋季。灌浆盛期是结实的关键时期，需要大量的水分，因此最怕干旱。

农谚 人要勤换衣衫，稻要浅水勤灌

浅水勤灌是指在分蘖盛期以前，保持水层半寸左右。分蘖后期，为了抑制无效分蘖，就要排水露田、晒田。水稻分蘖期进行浅水勤灌，可以使禾苗植株基部透光良好，提高水温和泥温，增加土中氧气，促使根系发育，增强吸肥能力和早发分蘖。

农谚 早稻白露前，晚稻白露后

指水稻收获期。每年 9 月 7—9 日，太阳到达黄经 165°时，为白露节气。“白

露”是反映自然界气温变化的节令，“露”是白露节气后特有的一种自然现象。白露是秋天的第三个节气，表示早秋时节的结束和仲秋时节的开始。南方地区一般在白露前（8月上旬）收割早稻，白露后（10月中旬左右）收割晚稻。

农谚 稻莠只怕风来摆，麦莠只怕雨来临

北方稻区，稻谷抽穗扬花的时候，如果风大，会影响稻谷授粉，导致结实少，产量低。小麦拔节抽穗的时候，需要阳光，雨水过多影响开花授粉，且麦秆不够硬，易发生倒伏。

农谚 种子见白尖，捞出就下滩

指水稻种子播种前浸种催芽。“见白尖”就是水稻种子露白破胸的时候，即播种的最佳时期，赶紧捞出准备播种。

农谚 热催根，冷催芽

水稻浸种时，温度不能很高。如果温度太高，会催生根系，播种后形成弱苗，不利高产。

浸种时，吸足水分的种子用50～60℃的水浸种，再入窖并保持38～40℃的温度；水稻种子破胸后，呼吸作用迅速增强，产生大量的热能，温度会迅速上升，此时要淋水降温，使种子在25℃左右发芽。

农谚 插秧插壮秧，秧好一半粮
十成年成九成靠秧
育秧要育扁蒲秧

育秧是水稻栽培中第一个重要环节，也是高产的基础工作。它是以培育壮秧为目的，达到成苗率高、苗齐、苗壮，插后返青成活快，分蘖早，生长良好。壮秧对水稻高产具有重要的作用。壮秧的主要形态特征：茎基粗扁，叶挺色绿，根多色白，植株矮壮，无病株和虫害。茎粗扁是评价壮秧的重要指标，俗称“扁蒲秧”（扁蒲秧叶片肥大，茎秆扁平）。

农谚 五月端午有秧栽，八月中秋有稻收

水稻栽秧在端午节前后（农历五月初五），收获在中秋节（八月十五）左右。

农谚 夏至栽秧昼夜分，早晨栽秧晚上扎根

这句农谚是说水稻栽秧时间的重要性。北方稻区夏至以前栽秧扎根快，长势好，过了夏至水稻就没有足够的生长期了，产量不会很高。

农谚 宁种隔夜地，不插隔夜秧

水稻隔夜的秧苗，由于呼吸会消耗体内贮藏的养料，插后恢复生机慢，返青分蘖迟，应随时插秧。

农谚 插秧插得正，等于下层粪

水稻插秧秧苗要正，与地面垂直，这样有利于根系向下扎根，吸收土壤中的养分，秧苗成活率高，而且秧苗插得正有利于防倒伏。

农谚 好稻好秧，稻谷满仓

水稻高产的两要素：品种好、秧好。品种好，即要选择优良品种，宜选择产量高、抗逆性强的品种；秧好，即要壮秧，壮秧移栽后返青快、发根多、分蘖乃至穗数多，对水稻高产具有重要的作用。

农谚 水稻不插六月秧

水稻农历六月栽秧，生育期已经很短，不利于正常成熟，产量很低。

农谚 种稻好，种稻好，多收粮食多收草，猪有糠来牛有草

形容种水稻的好处多。水稻稻穗能产大米，供人食用；外壳可加工成糠，可饲喂猪等牲畜；秸秆可喂牛。

第八节　薯　　类

农谚 土豆“抱窝”，一亩地收一卡车
马铃薯“下蛋”，一亩增一半
马铃薯“抱窝”，个又大又多
山药栽蛋蛋，一亩起一万

以上几句农谚，都是说马铃薯整薯栽培的。马铃薯整薯栽培是利用顶端优势，用小整薯育苗，然后播种，出苗后及时浇水并进行多次培土，并适当推迟收获期。采用“整薯栽培”法可使马铃薯植株匍匐茎及块茎数目大大增多，从而提高产量，是马铃薯一种高产栽培技术。

农谚 山药早种，等于上粪

“山药”，即马铃薯，应适期早播，以延长生育时间，增长块茎的生长期，以获高产。

农谚 三月里的山药结蛋蛋，四月里的山药长蔓蔓

均都是指农历而言。山药是喜凉作物，一般要求地表5 cm地温在9～10℃时播种，即在农历三月播种，有助于提高产量；而四月之后播种，由于土壤温度升高，造成地上部位徒长，不利于块茎的生长和发育。

农谚 多种一个瓣，多收几个蛋

“瓣”，种薯栽子。这句农谚指马铃薯的合理密植。“种薯栽子”，即用于栽培的马铃薯栽子。马铃薯栽子上端具有一个隐芽，多种一个瓣，生出的匍匐茎就多，结出的块茎也增多。

农谚 窝子稠，苗子多，一亩多起好几车

指马铃薯的种植密度与产量密切相关。马铃薯种植时要求在最大营养生长的群体结构达到90%以上的覆盖面，以利于最大限度利用光照，有利于增产。

农谚 山药开花结疙疸

“疙疸”，内蒙古、山西一些地方的方言，即小土豆。这句农谚的意思是马铃薯地上部分开花时，地下部分就开始结小土豆了。

第九节 杂　　粮

农谚 旱绿豆，涝小豆

绿豆耐旱，其耐湿性和耐寒性均较差，怕涝。小豆具有一定耐湿性，鼓粒灌浆阶段需要较多的水分，否则容易造成秕荚粒小。

农谚 小豆长没了罐儿，一亩打一石儿

罐，盛水的瓦罐，高约30 cm。这句农谚的意思是小豆长势很好，一定会高产的。

农谚 绿豆长没了狗，一亩地打八斗

此句农谚和上句意同。八斗，产量很高。

农谚 头伏荞麦打满囤，二伏荞麦一兜穗，三伏荞麦一根根

这句农谚是说荞麦播种期和产量的关系。荞麦在头伏播种才会高产。

农谚 头伏荞麦二伏菜，三伏萝卜长得快

进入伏天的时候，在头伏适合种植荞麦；二伏是种植白菜、青菜等的最佳时期；在三伏适合种植萝卜。

农谚 头伏荞麦，一夜生芽，三日出土

荞麦种子在地温16℃以上时4～5天即可发芽。这句农谚形容头伏温度适宜，荞麦发芽出苗快。

农谚 种早怕焦花，种迟怕霜打

指荞麦的播种时间和产量的关系。荞麦播种过早，会产生小花败育，不结实；播种过晚，会遭遇霜冻，影响产量。

农谚 农八月，一顺子，荞麦旱成直棍子

“一顺子”，一样干旱。如果农历八月天气比较干旱，雨水少，不适宜荞麦生长。

农谚 荞麦种虚不种磁

“磁”硬。荞麦根系比较弱，种子顶土能力差，种植时要求土层疏松，以利于幼苗出土和促进根系发育。

农谚 荞麦籽，七十日

荞麦生育期短，边生长，边开花，边结籽，从种到收只有70天左右。

农谚 荞麦巧收七十五（天）

荞麦三天出土后，经过青十八，红十八，白十八，黑十八，共七十五天可以收获。青十八，出苗后18天是绿苗；红十八，青苗变成红茎秆18天；白十八，荞麦开白花，持续18天；黑十八，荞麦籽实变成黑色18天。

农谚 种早不结，种晚不黑

这句农谚指黑豆而言。黑豆播种过早因温度不够结荚很少，产量低；播种过晚因不能完全成熟，种皮不黑，就不成为黑豆了。

农谚 立夏种胡麻，七股八个杈；小满种胡麻，到老一枝花；芒种种胡麻，终久不回家

过了立夏不种麻，小满种麻不回家

以上几句农谚，是说胡麻的播种时间和产量关系的。胡麻的播种时间，以立夏前后为最宜，“七股八个杈”，长势良好；小满季节播种胡麻，产量较低，只有“一枝花”结实；而芒种季节种胡麻，恐怕连种子都收不回来了。

农谚 马蔺开花，正好种麻

指马蔺开花的时候，正是种胡麻的好时节。

农谚 胡麻开花一早晨

指胡麻花早晨开放，到晚上花朵收拢。

农谚 要吃胡麻油，伏里晒日头

胡麻喜光，属长日照作物。光照充足有利于胡麻叶片进行光合作用，能增加分枝，且单株结果数增多，有利于增产，提高含油率。

农谚 芝麻是个怪，又怕雨渍又怕晒

芝麻蒴果呈棱形，纵裂，成熟时上部开裂，开裂后种子直接暴露在空气中，因此在成熟期怕雨淋，阳光暴晒，蒴果开裂得更大，容易使籽粒掉落。

农谚 沙土里的花生，黏土里的麦

花生的花开花授粉后，花柄会不断伸长将幼果送入土壤中，幼果在土壤中黑暗而有一定空气条件下才能发育成果实。由于沙土土质疏松，通透性好，花生适宜在沙性土壤生长；而小麦则适宜在黏土里生长。

农谚 金碗盛油，银壳盛水

这句农谚指花生荚果的颜色与果仁质量的关系。花生的荚果分果壳和种子两部分。山东等地群众将果壳为深褐色的成熟荚果称为“金壳”，将未完全成熟的果壳为白色的荚果称为“银壳”。金壳的荚果已成熟，种子油分多。

农谚 落花生，落花生，落花入土才生果

花生开花授粉后，子房基部子房柄的分生组织细胞迅速分裂，使子房柄不断伸长，从枯萎的花萼管内长出一条果针。果针迅速纵向伸长，它先向上生长。几天后，子房柄下垂于地面。在延伸过程中，子房柄表皮细胞木质化，保护幼嫩的果针入土。当果针入土达 2～8 cm 时，子房开始横卧，肥大变白，体表生出密密的茸毛，可以直接吸收水分和各种无机盐等，供自己生长发育所需。靠近子房柄的第一颗种子首先形成，相继形成第二、第三颗。表皮逐渐皱缩，荚果逐渐

成熟。

农谚 山芋不怕羞，一直栽到秋

指山芋生长周期比较长，一直从夏至到立秋。

农谚 七成熟十成收，十成熟七成收

指油菜适宜的收获期，适宜在七成熟的时候收获。

农谚 定根水，定根粪，向日葵扎根一股劲

定根水（肥），指向日葵栽植后所浇（施）的第一次水（肥）。栽种好向日葵后，最好在每棵根部浇定根水，施定根肥，有利于向日葵扎根。

农谚 向日葵，易高产，喜温又耐寒

向日葵原产热带，对温度的适应性较强，是一种喜温又耐寒的作物，在整个生育过程中，只要温度不低于10℃，就能正常生长。向日葵适应性比较强，容易高产。

第十节　蔬　　菜

农谚 一亩园顶三亩田
园富园富，园田就是摇钱树
十亩田赶不上一亩园
家有一亩园，赛过十亩田
家有一亩园，一年不缺钱
多种一园菜，等于一仓粮
家有一亩菜，少吃一仓粮
一人一分菜，欠年也不赖

这几句农谚是说，园田一般用来种植蔬菜，比粮食作物经济效益要高，是农民致富的主要途径之一。如果一个人有一分（1/10亩）园子种菜，就算收成不好的年份也不会差到哪里去。

农谚 一亩园，十亩田，上结果子下种田，能看亲戚能卖钱

指一亩菜园能顶得上十亩大田的经济价值。园田不仅能种上结果的蔬菜、果树，还能在下面种植一些经济作物，既能看亲戚，又能卖钱。

农谚 屋前屋后栽果树，园田扣棚增收入

在自家房前屋后可以栽种果树，菜园里扣上大棚可以栽种蔬菜。这样能有效利用土地资源，是增加农民收入不错的方式。

农谚 不是把式不出乡，不是肥田不种园

这句农谚是说，园田建设要求地势平坦、土壤肥力较高、有灌溉条件的地块。

农谚 葱是菜园佬，一年四季离不了

大葱是人们日常生活的必需蔬菜，一年四季都需要。所以，菜园里一年四季都栽种大葱，保证随时采摘。

农谚 八月起葱，八月不起九月空

指的是农历八月收大葱正当时。因为农历九月天气转冷大葱进入休眠期，如果此时不收获，大葱为维持自身代谢会消耗大量养分。

农谚 葱怕露水韭怕晒

大葱一定要待露水散后进行管理，如果有露水时进行管理，会伤害叶片。韭菜采后要避免太阳光曝晒，那样会使韭菜萎蔫。

农谚 涝不死的黄瓜，旱不死的葱

淹不死的白菜，旱不死的葱

黄瓜根系浅，而地上部消耗水多，因此对空气和土壤湿度要求高。白菜喜水，整个生长期要求土壤湿润，需要经常浇水。葱的叶片呈管状，表面多蜡质，能减少水分蒸腾，耐干旱。

农谚 冻不死的葱，旱不死的蒜

大葱耐低温，不怕冻，即使受冻了，其细胞壁未损伤，只要不动它，化冻后仍完好无损。而大蒜是生态耐旱型蔬菜。

农谚 想吃大头蒜，地要挖三遍

大蒜生长需要疏松的土壤。因此，栽种大蒜的地块，需要深翻。

农谚 栽蒜不出“九”，出“九”长独头

这句农谚，指的是华北北部及东北地区栽种春蒜的地区。这些地方都是早春

栽种大蒜，栽种大蒜的时间不能出“九天”。“九天”就是从冬至算起，每九天算一“九”，一直数到“九九”八十一天。这是因为，大蒜栽种后要经过一段低温阶段才能高产。

农谚 三月三，种瓜得一千

农历三月初三，大地回春，万物萌动的时节，适合播种瓜类蔬菜，此时播种产量高。“一千”，指丰产。

农谚 水地葫芦旱地瓜

这句农谚的意思是葫芦对水分的要求比较高，而瓜类（指甜瓜、西瓜）对水分的要求不高，比较耐旱。

农谚 茄子栽花烟栽芽
烟栽叶，茄栽花

移栽茄子苗应该在长花苞之前，移栽烟苗要求刚发芽之后。

农谚 黄瓜上了架，茄子打提溜儿

当黄瓜爬上了架子，茄子也一个个地成熟了，黄瓜和茄子的成熟期一般在6月到8月份。

农谚 七月芫荽八月菠

芫荽和菠菜较耐寒，因此七月种芫荽（香菜），八月种菠菜（秋菠）。

农谚 马无夜草不肥，菜不移植不发

再好的马夜间也需要加饲料，如果只有一日三餐，由于白天消耗体力大，马不会肥壮。蔬菜移植有利于提高产量，移栽之后，由于根系受损，蔬菜次生代谢增强，会积累更多的营养物质。此外，移栽还可合理调节植株的密度和均匀度，利于提高整体的产量。

农谚 深栽茄子浅栽葱

茄子植株上需要挂果，且茄果重，因此要深栽。葱由于地上、底下部分均可食用，为防止断根，宜浅栽。

农谚 三天萝卜四天菜

萝卜从播种到出苗需要3天，叶菜类大约需要4天。

农谚 南瓜不打杈，光长蔓子不结瓜

南瓜打杈可以抑制茎蔓过分生长，防止营养生长过旺。打杈去掉一部分侧枝、弱枝、重叠枝，改善通风透光条件，促进南瓜生殖生长，有利于南瓜结瓜，提高产量。

农谚 要想白菜好，多浇人粪尿

白菜生长迅速，需肥量大，尤其需求氮肥。人粪尿中含氮量高，是一种速效的有机肥。

农谚 要想韭菜盛，只要灰来壅

韭菜需要钾肥多，草木灰是植物燃烧后的残渣，含有6%～12%的氧化钾，也含有较多的钙和磷以及微量元素，是一种比较理想的优质农家肥，适宜韭菜生长。韭菜苗期易受韭蛆危害，草木灰还可以防韭蛆。

农谚 韭菜黄瓜两头香

这句农谚的意思是黄瓜和韭菜在早春、晚秋季节味道最鲜美、食用价值最高。

农谚 冰冻拉拉响，胡萝卜泥里长

胡萝卜比较耐寒，可耐0～－2℃低温，因此，当地表结冻时，胡萝卜还可以在地内生长。

农谚 茄子不开虚花

茄子挂果率很高，一般开花就会结果，很少有开花不结果的现象。

农谚 六月栽茄子，累死老爷子

指阴历六月栽茄子，因栽植时间已经很晚，生长期不会很长了，所以不会丰产。

农谚 五月立夏到小满，掩瓜点豆种园田

从农历五月立夏到小满，是掩瓜点豆田园播种的最佳时节。

农谚 头伏萝卜二伏菜

指蔬菜的种植时期。意思是夏季进入伏天的时候，在头伏适合种植大萝卜，二伏适合种植白菜。

农谚 宁栽隔夜秧，不栽露水苗

指栽植蔬菜对秧苗的要求。栽植带露水的蔬菜秧苗，易使秧苗受到伤害；而栽植已经隔夜的蔬菜秧苗是完全可以的。

农谚 碌碡响，萝卜长

“碌碡”，农村秋季打场时用的石磙子。这句农谚是说，大田作物快要打场了，正是大萝卜生长快的季节。

农谚 黄瓜不搭架，不种也罢

指种植黄瓜必须搭架。

农谚 茄子栽叶，辣椒栽花

辣椒成活率比较高，植株不管多大都可以移栽；而茄子苗移栽成活率较低，苗越小移栽越好。

农谚 萝卜半边粮

萝卜营养价值较高，能代替部分主食。

农谚 菜顶三分粮

多吃蔬菜可以充饥，可以替代一部分主食。

农谚 菜蔬菜蔬，营养丰富

指蔬菜营养丰富，是人们日常饮食中不可缺少的食物，可提供人体所必需的多种维生素和矿物质等营养物质。

农谚 冬春吃菜，全靠一秋

指秋天蔬菜收得多，储存得好，可以从 9、10 月吃到第二年 3、4 月，差不多半年的吃菜问题都可以解决了。

农谚 想让果菜早上市，隆冬严寒育秧苗

指要想果菜早上市，获得较高的经济效益，就需要在冬天开始育苗。

农谚 要想发家，栽烟种瓜

栽种烟草、瓜类等作物经济效益高，容易致富。

农谚 春天多种菜，能吃也能卖

指蔬菜是一种很好的经济作物，多种不但能自己吃，也可以用来卖钱。

农谚 要想多吃菜，浇水要勤快

蔬菜生长需要大量的水分，想要蔬菜长得好，应该勤于浇水。

农谚 种园不用问，全靠工夫水和粪

指种园成功的三要素：勤于管理，多浇水，多施肥。

第十一节 倒茬轮作与茬口安排

农谚 调茬如上粪
三年两头倒，地肥人吃饱
重茬避忌
地有倒茬力，换茬如上粪
轮作倒茬不用问，强如年年铺底粪
种地不倒茬，十年九抓瞎
茬口不换，丰年交歉
新种一年发，连种三年塌
种地无巧，三年一倒

以上这些农谚，都是指倒茬轮作的重要性。"倒茬轮作"，指在同一块田地上种植一种作物收获后换种另一种作物。这样有利于抑制杂草和病虫害，改善植物养分供给，利于增产。

农谚 种对茬口田，一年顶二年
调对茬口轮换种，九成年景收十成
茬口换好，米面吃饱
种地茬要好，三年两头倒

指种植农作物，在同一块田地上前后要安排不同种类、品种的作物，合理搭配。

农谚 豆地年年调，豆粒年年饱

这句农谚说明豆类轮作的重要性。大豆忌连作，一般要求2～3年轮作一次。这是因为，大豆有固氮作用，可以提高土壤肥力，实行倒茬轮作，有利于提高下茬作物产量。同时，大豆连作，会加重病虫害的发生。

农谚 谷倒茬满仓，麦倒茬精光

谷怕重茬，瓜怕顶茬

谷子是浅根性、须根性作物，主要利用土壤浅层中的养分，对茬口反应比较敏感，忌重茬。瓜类作物由于病虫害发生比较严重，必须实行轮作。虽然小麦可以实行连作，但要做到产量高、品质好，最好也要倒茬轮作。

农谚 瓜茬瓜，不结瓜

种瓜最忌重茬。一般土壤里都有一种传染西、甜瓜根部的枯萎病病原菌，当地里种了西、甜瓜以后，这种病原菌就有了寄主，加速繁殖。如果第二年、第三年连续再种西、甜瓜，土壤中病菌累积不断增加，使西、甜瓜发生程度不同的根部病害，影响产量。

农谚 胡麻重茬，工要白搭
胡麻不倒茬，十年九抓瞎

胡麻需要轮茬种植，因为胡麻重茬容易发生立枯病、炭疽病，一旦得病，产量迅速下降。

农谚 麦子要出面，得把茬来换

要想麦子收成好，多出面粉，就要轮作倒茬。

农谚 荞麦谷，享大福

指荞麦、谷子轮作，产量高。

农谚 一季麦，一季豆，土地不肥也不瘦

大豆是豆科植物，根部根瘤菌有固氮能力，是养地提高土壤肥力的好茬口。指种一季豆子，再种一季麦子，两者倒茬轮作，可以充分调解、利用土壤肥力。

农谚 谷子、黍子，三年换个主子

指种植谷子和黍子，需要实行三年轮作倒茬，忌重茬，不迎茬。

农谚 高粱连种长乌米，谷子连种虫满地

“乌米”，黑穗病。黑穗病为高粱栽培中的主要病害，病原以冬孢子形式在土壤、粪肥和黏附在种子表面越冬，以土壤带菌为初侵染的主要来源，重茬高粱会使黑穗病发病更重，因此必须倒茬轮作。谷子易生白发病、黑穗病，粟秆蝇、粟灰螟等害虫虫卵均在土里越冬，所以也要轮作倒茬。

农谚 豆后谷，享大福

豆茬谷，一石五
谷后谷，枉辛苦
谷又谷，吃老苦

谷子对前茬作物留下来的土壤环境较敏感，土壤环境的好坏，是谷子选择前茬的标准。谷子前茬以豆茬为最好。谷子忌重茬。

农谚 豆不离麦，麦不离豆
庄稼养庄稼，麦豆来换茬

豆茬种麦，麦茬种豆，是农作物倒茬轮作中最好的茬口安排。

农谚 豆茬是油茬

豆科植物根部根瘤菌有固氮能力，是养地、提高土壤肥力的好茬口。

农谚 麦种三年要倒茬，豆子地里长庄稼

小麦连续种植，全蚀病比较严重，三年需要换一次茬。大豆是豆科植物，根部根瘤菌有固氮能力，是养地提高土壤肥力的好茬口，庄稼长得好。

农谚 一年大豆二年好小麦，三年苜蓿四年好庄稼

大豆和苜蓿都是养地提高土壤肥力的好茬口。种一年大豆，能保证连续两年小麦好收成；种三年苜蓿，能保证庄稼四年好收成。

农谚 一亩苜蓿三亩田，连种三年劲不完
一年苜蓿几年粮，灾年来了不发慌

苜蓿草为豆科植物，根部根瘤菌有固氮能力，能肥田增产，是养地、提高土壤肥力的好茬口。

农谚 种烟茬，一石八

“烟茬”是非常好的茬口，这是因为烟有固氮能力，能提高土壤肥力。另外，烟有杀菌杀虫能力，可消灭土壤中大部分病菌和虫卵。“一石八”是丰产的意思。

农谚 谷茬种麦，产量不高

谷子和小麦，因为都是浅根作物，所以谷茬种植小麦，产量不高。

农谚 重麦不重豆，重豆就要臭
豆种豆，将够豆；禾种禾，一半收

大豆忌重茬和迎茬，否则导致土壤中病原物的数量迅速积累而发生土传病害根腐病，降低产量，严重时绝收。

农谚 生地瓜，熟地麻
老茬线麻生茬薯

地瓜对土壤和肥力的要求不高，比较贫瘠的土地也能种植，所以可以种在生土地上；而线麻对土壤要求较高，要求种在熟地上。

农谚 麦地种胡麻，油籽大把抓

胡麻不宜连作，种在前茬为小麦的地块产量高，含油量也高。

农谚 西瓜重茬，工要白搭

西瓜重茬极易发生枯萎病等病害。枯萎病是土壤带菌，在土壤中存活时间长，重茬造成严重减产，严重者甚至全田无收。

农谚 荞麦茬，不种糜

糜子是典型的喜温作物，其一生都需要较高的温度，对低温敏感。荞麦茬较冷凉，不提倡用来种植糜子。

农谚 绿豆瓜茬是亲家，荞麦黑豆是冤家

农民在长期的生产实践中总结出的经验：绿豆茬种植瓜类，或瓜茬种植绿豆，是农作物倒茬轮作较好的茬口安排；而荞麦茬种植黑豆是不适宜的。

农谚 菜籽喜得生茬地

指油菜不能重茬种植。油菜需肥量大，重茬土壤肥力弱，根系易产生自毒作用，且易生病虫害。

农谚 高粱茬，种谷子，产量低，出秕子

农民在长期的生产实践中得知：高粱茬口不宜种谷子。

农谚 菜地麦子用手扬，一亩能收二亩粮

用种菜的园田地种植小麦，是一定会高产的。

农谚 压青地，麦子窖

“压青地”，指种植牧草或绿肥作物，在夏季进行压青的土地。这样的土地，由于压青，大大地提高了土壤肥力，无论种植什么农作物都会高产。

农谚　糜茬三年没节，瓜茬三年不结

指糜黍、瓜类连续种三年，将会颗粒无收。

农谚　糜茬糜，用手提

“用手提”，指植株长得矮小。糜和黍都是浅根作物，重茬种植，产量就会下降。

农谚　豆茬的麦，请到的客
豆茬麦，不怕苦；麦茬豆，亲如舅
麦豆大田轮流种，九成年景收十成

“请到的客”，指丰产。豆茬种小麦，可以为小麦提供良好的土壤条件；麦茬复种大豆，能防治大豆食心虫。二者都有利于增产。

农谚　糜谷不见面，见面收一半

糜黍、谷子都属于浅根性作物，不适宜轮作。

农谚　有福没福，豆茬种谷

谷子最适宜的前茬作物是大豆。

农谚　直根对盘根，长叶对圆叶

这句农谚，指倒茬轮作原则。直根代指深根性作物，盘根代指浅根性作物，深根性的作物宜与浅根性作物倒茬轮作；长叶代指需氮肥较多的叶菜类蔬菜，圆叶代指需磷肥较多的茄果类蔬菜，叶菜类蔬菜宜与茄果类蔬菜倒茬轮作。这样可使土壤不同层次中的养分都得到充分利用。

农谚　直根对直根，一亩打一升

“直根”，即比较发达粗而长的主根。指农作物茬口安排上，深根性的作物最好与浅根性的作物作为前后茬口，这样作物就能吸收不同深度土壤中的养分，有益于增产。“一亩打一升”，产量很低的意思。

农谚　上茬丢了下茬找，丢了这茬有那茬

指大田只要茬口安排得当，就能年年种，年年收。上茬收成不好可以在下茬补回来，这茬收成不佳可以寄期望于另一茬。

农谚　高地荞麦洼地豆

荞麦耐瘠薄，适宜种在丘陵坡地上；大豆喜湿，适宜种在洼地。

农谚 泥地菜籽沙田粟

“粟”，谷子。油菜主根入土深，根系分布广泛，必须有深厚的土层，才能满足其根系发育的要求。而谷子是浅根性、须根性作物，适宜在土质疏松的沙壤土种植。

第十二节　间混套复

农谚 间作混作满天星，不收这宗收那宗

同时期在一片土地上采用间作和混作的方法种植几种作物，不仅可以更大限度地提高土地利用率和光能利用率，而且不同作物间的互作效应可以促进生长，提高其中一种或全部作物的产量。

农谚 间混套作产量高，栽培计划安排好

合理的间作、混作和套作能提高作物产量，需要科学地做好计划安排。

农谚 农民要想富，间混套复是条路

间作、混作、套作和复种都能提高作物产量，可以助农民致富。

农谚 一茬变两茬，增产好办法

一年内采用复种的方法，使一熟变为两熟，可以增加单位面积产量。

农谚 高与矮，巧安排；矮要宽，高要窄，一高一矮，一肥一瘦，一圆一尖，一深一浅，一长一短，一早一晚

农作物间作、套作和混作要遵循合理的原则，宜用高棵的和矮棵的搭配。高棵的宜选株型紧凑、枝叶纵向发展的作物，矮棵的宜选枝叶繁茂横向发展的作物。

“一高一矮”，指株高：间作、套作和混作应选择高秆的和矮秆的作物进行搭配。“一肥一瘦”，指植株繁茂度：在植株繁茂度方面，选择枝繁叶茂的和株型紧凑的搭配，进行间作、套作和混作。“一圆一尖”，指叶片形状：在叶型上，选择圆叶作物和尖叶作物搭配进行间作、套作和混作，如圆叶的豆科植物和尖叶的禾本科植物。“一深一浅”，指根系：间作、套作和混作宜选择深根系作物和浅根系作物搭配，便于充分利用土壤中的水分和养分。“一长一短”，指叶片：应选择

长叶植物和短叶植物进行间作、套作和混作。“一早一晚”，指生育期：间作、套作和混作应选择生育期早的和生育期晚的进行搭配，其中主栽作物成熟期应早，副作物成熟期应晚，可以更好地利用光能，达到主、副作物都丰收的效果。

农谚 一熟早，熟熟早，一季丰收，季季丰收

复种时，如果第一茬作物成熟早，那么接下来的每一茬都成熟早；如果第一季作物丰收，那么接下来的每一季都能丰收。

农谚 一步五棵苗，豆豆白捎

这句农谚指高粱与大豆混种。即 1 m 距离种 5 株高粱，其间混种大豆，那么大豆的产量是额外得的。

农谚 高粱带大豆，两样齐丰收

高粱和大豆混作，能使两种作物都获得较好的产量。

农谚 上八石，下八石，玉米不减产，豆子是白捡

玉米和大豆间作，由于改善了玉米的通风透光条件，会提高玉米产量，相比单种玉米，还能多收获豆子。“上八石”：上，指高棵的玉米；“八石”，打八石粮食，比喻丰收的意思。“下八石”：下，指矮棵的大豆；八石，意思同上。

农谚 玉米地里间种豆，十年九不漏

玉米和豆类间作，十年里有九年会丰产。

农谚 麦茬复种大豆豆，两茬得到齐丰收

小麦和大豆搭配进行复种，两茬作物都能丰产。

农谚 头茬菜，二茬烟，三茬小麦好卖钱

复种可以选择“蔬菜—烟草—小麦”的组合，一年三茬，可以取得良好的经济效益。

第十三节 播 种

农谚 人怕少年亡，五谷忌种迟

五谷播种迟了，因错过播种期会造成减产，就如同人在少年的时候就死亡了一样。

农谚 早种早收年成好，晚种贪青步步迟

播种宜早不宜迟。早播种可以早收获，并且获得高产；晚播种的农作物生长和收获都推迟，会影响产量。

农谚 宁抢三月墒，不等四月雨

这句农谚指农历而言，即宁在三月利用土地的墒情播种，也不等四月降雨才播种。

农谚 早种田，丰收年；迟种田，忙不完

播种早有利于丰收，播种迟要想丰收需要付出更多的努力。

农谚 一日晚，一年也难赶

播种晚一天导致的损失，接下来的一年也很难弥补。

农谚 宁在时前，不在时后

宁在适播的时令前播种，也不在时令后播种。

农谚 早种有四好：扎根深，扎根早，能抗旱，不怕倒

早播种对作物有四个好处：作物的根扎得深，扎得早，这样更有利于植株抗旱和抗倒伏。

农谚 春来不下种，一年把手拱

春天不播种，一年的农业生产就荒废了。

农谚 随耕随种随着耙，接着石磙压两下

播种的时候要耕、种、耙短时间之内相继进行，继而还应用石磙碾压播种后的土地，使种子和土地接触更密实，有利于出苗。

农谚 不怕天旱，就怕不掩

“掩”，覆土。这句农谚的意思是播种后要及时覆土。如不及时覆土，土壤失墒严重，影响出苗。

农谚 若要苗子好，磙子离不了

播种后用磙子碾压土地，有利于种子萌发，幼苗长势也会良好。

农谚 湿犁湿种，出苗不全

在湿的土地里播种，种子会出苗不全。因为在土壤水分过多时，土壤黏重而且易板结，种子不易出苗。

农谚 不愁没有油，就怕种地扔地头

种地的时候，地头的土地也应该充分利用，这样会增加产量收入。

农谚 种地要做到五均匀、五到头

“五均匀”，开沟深浅均匀、下籽均匀、农家肥施用均匀、种肥施用均匀、覆土均匀；“五到头”，犁杖开沟到头，种籽点到头，化肥施到头，覆土覆到头，磙子压到头。

农谚 麦坐冰凌籽粒多

这句农谚的意思是春小麦要顶凌播种才会获得高产。

农谚 小麦先种，莜麦后跟

指华北北部及东北地区春小麦和莜麦的播种顺序，即先播小麦，接着播种莜麦。

农谚 小麦迟种不分头，油菜迟种没有油

如果小麦种得迟了就不容易分蘖，因此产量也不会高；如果油菜种得迟了，由于生育期不足，种子里含油量就不会高。

农谚 麦种黄泉谷种糠，胡麻种在地皮上

“黄泉”，播种较深；“糠”，播种较浅。种子越大，顶土能力越强，越应深播，因此，小麦应深播；谷子种子粒小，所以应该浅播；而胡麻播种深度应该更浅。

农谚 豆耩黄泉谷耩糠，麦子耩在犁床上

这句农谚和上句意思相近。“犁床”，犁底。“耩”，播种。豆类种子应深播；谷子种子应浅播；小麦播种应播在犁底上。

农谚 麦种深耐旱，谷种浅垄满

“垄满”，苗全。小麦播种播得深有助于耐旱，谷播种播得浅有助于抓全苗。

农谚 麦种犁头谷种皮

小麦播种应适当播深，谷子应浅播。

农谚 一指浅，三指深，过了四指就发闷

这句农谚指小麦播种深度。小麦播种的时候深度要把握在 2～5 cm，播种深度超过 6 cm，种子在萌发过程中易形成“曲黄”，出现弱苗。

农谚 麦生胎里富，种子五成收

种子饱满是小麦增产的关键。选用饱满的种子播种，就奠定了丰产的基础。

农谚 先高粱后种谷，种完豆子种糜黍

指几种农作物播种的顺序，不同的作物有不同的适播时间。高粱的适播时间早于谷子，豆子的适播时间早于糜黍。

农谚 晚播弱，早播旺，适时播种麦苗壮

春小麦要在适宜的播种时期内尽可能的早播，早播可以培养出壮苗，有利高产；播得晚，苗子弱，不利于提高产量。

农谚 干种糜谷湿种豆，高粱种的黄墒土

“黄墒”，指土壤含水量 12%～15%，即手捏成团，落地散碎。这句农谚是说在土壤干旱、含水量小的时候可以种植糜黍、谷子；土壤含水量较高时种植大豆；黄墒时适宜种植高粱。

农谚 坐水点种办法高，大旱之年抓全苗

在播种的穴坑内浇水，再点上种子，是旱地播种的好办法，即使在大旱年，也能保证很高的出苗率。

农谚 枣发芽，种棉花；枣发芽，种芝麻

棉花和芝麻都是喜温植物。枣树发芽的时候，就该种棉花和芝麻了。

农谚 一指浅，二指全，三指出苗就困难

指高粱播种深度。高粱播种的深度要适宜，应该播到 3 cm 左右的深度，4～5 cm 之后出苗就会困难。

农谚 豌豆种深谷种浅，胡麻只要盖住脸

豌豆宜深播，谷子宜浅播，胡麻播种只需要稍加覆土即可。

农谚 埋麻（大麻）、露黍、窖豆子

这句农谚指几种作物的播种深度。大麻播种宜稍深，黍子宜浅播，豆子宜深播。

农谚 春谷宜晚，夏谷宜早

这句农谚指谷子的播种时间。春谷宜晚播，夏谷宜早播。

农谚 早黍迟糜，一地圪茬

“圪茬”，北方一些地方的方言，意思是没什么收成。这句农谚是说，黍子种早了，糜子种晚了，都不会有什么好收成。

农谚 早黍迟麻不回家

与上句农谚意思相近，意思是黍子种早了，胡麻种晚了，都不会有什么好收成。“不回家”，产量很低。

农谚 夏至不种高山黍，还有十天平地黍

在我国北方，夏至季节不可以在高寒山区种黍子了，因为高寒山区生长期短，温度低，这时种黍子已经不能成熟了；而平川地区10天之内还可以种植黍子。

农谚 胡麻早种，耐寒抗冻

胡麻可以早播，因其幼苗具有良好的抗冻性，早种幼苗不会冻伤，而且可以提高产量。

农谚 种糜糜，抹地皮

糜子播种宜浅播，撒种之后在地表耙平表土覆盖即可。

农谚 条播一条线，苗子挤成团

“条播”是将种子均匀地播成长条。这种播种方式撒籽效率高，但由于种子集中，出苗后小苗易拥挤，不易形成壮苗。

农谚 散播一大片，苗子长得健

“撒播”是将种子均匀地成片式撒在田里，撒播会使幼苗健壮。

农谚 步子要稳落籽匀，覆土不过一寸深

人工播种的时候迈步要匀速，撒种子要均匀，播种后覆土厚度保持在一寸左右。

农谚 每尺有籽四十粒，镇压严实要认真

这句农谚指夏谷播种。夏谷播种量应控制在每尺播 40 粒种子左右，播种后覆土，并镇压严实。

农谚 夏播至夏至

农作物过了夏至都不宜种植了。

农谚 早种多丰收，迟种看年头

这句农谚说的是北方种植春玉米地区玉米播种期的。玉米适合早种植，早种了容易丰收；种得迟，能不能丰收要看当年的天气。

第十四节　合理密植

农谚 要想庄稼收成好，合理密植是个宝
要想多打粮，密植要相当

合理密植是庄稼丰收的重要条件，想要增产就需要科学安排种植密度。

农谚 密植是个宝，千万要用好；合理就增产，盲目就糟糕

庄稼的种植密度要科学掌握。合理的种植密度可以使产量提高，不合理的会起反作用。

农谚 地尽其力田不荒，合理密植多打粮

合理安排庄稼的种植密度，可以最大限度地利用土地，从而达到增产的目的。

农谚 苗苗多，穗穗多，一亩打粮一千多

在一定限度内，如果庄稼种植的株数多，穗子就会多，产量也会随之提高。

农谚 适当种得密，产量提得高

在合理范围内庄稼种得密，产量会提高。

农谚 密密密，两石一；稀稀稀，一簸箕

在一定限度内，农作物种得密集比种得稀疏产量高。“两石一”，产量高。“一簸箕”，产量低。

农谚 密植不误地，一季顶两季

合理密植可以充分利用地力和光能，甚至可以使收成翻番。

农谚 要想多打粮，合理密植不能忘

合理密植对提高产量非常重要。

农谚 肥地宜稀，薄地宜密

这句是丘陵坡地合理密植的一条原则，即肥力较好的地块留苗密度要适当地稀一些，因为肥力较好的地块，农作物个体生长发育良好；而土地瘠薄的地块，留苗要适当稠密，因为这样的地块单株生长发育不会太好，靠群体增产。

农谚 稀看苗，密打粮

庄稼种植得稀疏，那么单株的产量是可观的；种植得稠密，才能整体收成高。

农谚 肥田沃土宜密，瘦田瘠土宜稀

这句是平川地合理密植的一条原则。平川地区，如果土地肥沃，适宜种植稠密；如果土地瘠薄，则适宜种植稀疏。

农谚 稀苗结大穗，密植多打粮

庄稼种得稀疏则单株的穗子大，种得稠密则产量高。

农谚 稀留厚，厚留稀，不稀不厚留大的

这句农谚是指间苗而言。间苗时，如果原来出苗较稀，留苗要适当密一些；如果原出苗较密，留苗时要适当稀一些；而出苗不稀不厚，间苗时要则选择留大苗。

农谚 五味盐为主，密植肥为主

就像五味中如果没有盐，其他味道会大打折扣一样，合理密植是建立在多施肥的基础上的。

农谚 密植无肥长不好，麦秆似牛毛，穗子像鸡爪，大豆不结角

只增加种植密度而不增加施肥量，庄稼长不好，麦秆会长得细弱，谷穗会不饱满，大豆会不结豆荚。

农谚 稠苗呛死草，秆子又不倒

适度增加庄稼的密度，可以抑制田里杂草的生长，还可以抗倒伏。

农谚 谷宜稀，麦宜密，玉米地里卧下牛

这句农谚形象地描述了谷子留苗密度要适当稀疏，小麦适度密植，而玉米的密度更要稀一些，甚至可以容得下牛在其间距中休息。

农谚 厚谷稀麦，庄稼受害

谷子种得密，麦子种得稀，都不会获得高产。

农谚 麦子种得稀，不够喂小鸡
稠麦囤底圆，稀麦口袋扁

小麦如果种植得稀疏，产量会很低，只有合理密植才会高产。

农谚 麦子种得密，麦头多麦粒

小麦合理密植之后，单株的产量也会上升。

农谚 密植小麦多打粮，又能防风又保墒

小麦密植有很多好处：防风防倒，保持土壤水分，所以可以获得高产。

农谚 麦子稠了一扇墙，谷子稠了一把糠

小麦种植稠密长势良好，像一堵墙一样；谷子种植稠密则长势不佳，谷粒空瘪。

农谚 麦子播成行，远望一道墙

小麦密植成行，可以长得健壮，远远看过去像一堵墙一样。

农谚 麦子稠，往起钻，豌豆稠，滚圪蛋

小麦种植稠密会长得茂盛，产量也会很高；豌豆种植稠密则会减产。“滚圪蛋”，山西、内蒙古一些地方的方言，意思是很完蛋。这里是指产量很低。

农谚 麦稀一杆枪，糜稠一把糠

小麦种得稀了产量低；糜子种得稠密了籽不实。

农谚 苞米稠了不结棒，谷子稠了净秕糠

玉米种得稠了不结穗，谷子种得稠了结空穗。“棒”，即玉米雌穗。

农谚 糜子稠，如骨朵；胡麻稠，一个头

糜子如果种得稠密，穗子会如同骨朵一样籽粒稀疏；胡麻如果种得稠密，顶穗上籽粒会很少。

农谚 糜子稀，没叶叶；豆子稀，净荚荚

糜子种得稀疏，穗子大，一眼望过去只见穗子不见叶；大豆种得稀疏，豆荚会结得很多。

农谚 大豆叶碰叶，蚕豆荚碰荚

这句农谚是指大豆和蚕豆合理密植时的丰产长相。大豆和蚕豆都适合密植。合理的种植密度下，大豆叶子碰叶子，蚕豆豆荚碰豆荚。

农谚 山药稠来没圪蛋，豆子稠来不摊蔓

马铃薯种植得过于稠密时，地下块茎长不好；大豆种植得稠密时，茎叶会长得不茂盛。

农谚 豌豆地里卧下鸡，还嫌豌豆稀；绿豆地里卧下牛，还嫌绿豆稠

这句农谚的意思是豌豆要适当密植，绿豆也要适当稀植。

农谚 去劣存优，涝稀旱密

这句农谚指间苗原则。间苗应该去除长势不好的，留下长势好的；涝洼地宜少留苗，旱地宜多留苗。

第十五节　中　耕

农谚 锄头三寸泽
锄头自带三分水
锄头底下有水、有火、又有肥

干旱时锄地，可以切断土壤毛细管通道，减少水分蒸发，增加土壤保水能力。涝时锄地，有利于土壤通气，促进水分蒸发，使地温升高。锄地可以增加庄稼根系环境的氧含量，从而促进根系对肥料的吸收。

农谚 锄头底下有火也有水

中耕可以疏松表土、增加土壤通气性，有效提高地温，即“有火”；通过浅中耕措施可以切断土壤与表层的毛细管水通道，并在土壤表层形成覆盖层，有效减少低层土壤水分损失，达到保墒的效果，即“有水”。

农谚 早耕苗一寸，顶上一茬粪

中耕锄地应该及早进行。在苗高一寸时即进行中耕，可以及早消灭杂草，提高地温，增加土壤通透性，有利于幼苗生长，就像上了一茬粪一样。

农谚 春天多铲一遍，秋天多打一石
夏锄抢时光，收成谷满仓

因为中耕有消灭杂草、提高地温、增加土壤通透性等作用，所以增加中耕次数，可以提高产量。夏天要抓紧进行中耕，可以增加收成。

农谚 早中耕，地发暖；多中耕，地不板；深中耕，防风又抗旱

早中耕，有助于提高地温；多中耕，可以防治土壤板结；中耕适当深耕，有利于苗体生长健壮，可以起到防风抗旱的效果。

农谚 寸草不生，五谷丰登

把田里的杂草都除掉，减少杂草和庄稼的养分竞争，可以获得丰产。

农谚 锄板响，庄稼长
千锄生银，万锄生金

锄地有利于庄稼生长。锄地宜多，可以增加产量。

农谚 庄稼要高产，中耕不能短
种在犁上，收在锄上
锄头底下定年成

中耕是高产的重要条件。种得好不好要看犁得好不好，产量高不高要看锄得好不好。锄地的质和量可以决定该年农作物的收获情况。

农谚 旱锄三分雨，涝锄三分火

这一农谚揭示了在不同的情况下，同样是中耕（锄）所具有的不同作用：在干旱的情况下，多中耕锄地，具有保墒作用；而在降水较多、雨涝的情况下，中耕（锄）却具有提高地温和散墒的作用。这是因为，在干旱时，中下层土壤中的

水分会通过土壤毛细管上升到地表蒸发掉，不利于作物吸收生长，这时多中耕锄地，可以有效地切断土壤毛细管，使中下层土壤中的水分上升到耕作层后不再上升，能被作物根系吸收利用，这就相当于降了一定量的雨水。而在雨涝的情况下田间土壤湿度很大，地表板结，土壤中的水分散发很快，地温也偏低，土壤中空气很少，这些都不利于作物根系的呼吸和生长，时间稍长还会因根系窒息影响生长甚至烂根而死苗。这时多中耕锄地，可以疏松表土，加快土壤（以表层土壤为主）水分的散发，还能提高地温和加快土壤气体交换，同时锄灭了杂草，防止草荒，利于根系的呼吸和生长，这就相当于给土壤加了一把“火”，使作物能正常生长。所以说，无论在什么情况下，多中耕锄地是作物田间管理的主要措施。

农谚 锄苗不论遍，越锄越好看

苗子锄三遍，壮苗又防旱

无论锄地多少次都不为多，锄地次数越多，庄稼长得越好。苗期多锄地，既可以壮苗又可以保水防旱。

农谚 锄头自带三件宝：抗旱，耐涝，净杂草

锄地有三个好处：可以抗旱保墒，可以抗涝，可以去除杂草。

农谚 若要苗儿壮，锄耧紧跟上

锄地有利于庄稼生长健壮。

农谚 要想庄稼长得好，庄稼地里不见草

千年草籽万年松，几时不锄几时生

要想庄稼长得好，要把地里的杂草锄掉。杂草生命力旺盛，如果不锄，它们会一直生长在田里。

农谚 锄小，锄早，锄了

锄地在小苗时就开始进行，要趁着杂草小的时候锄，要锄得早，要锄得干净。

农谚 夏季多铲耥，秋季多打粮

夏天多锄地，多培土，秋天就可以多打粮食。“耥”：耥地，即培土。

农谚 要想庄稼长得好，三铲四耥别忘了

夏锄季节，对耕地进行三铲四耥，是田间管理的重要措施。

农谚 该铲不铲，必定减产；该耥不耥，必定空仓

泥和三遍自上墙，地锄三遍多打粮

这两句农谚是说铲地（中耕）和耥地（培土）的重要性和必要性。中耕培土是农作物田间管理的重要措施，多锄几遍地庄稼就长得好。

农谚 头遍早，二遍好，三遍四遍净杂草
头遍浅，二遍深，三遍四遍别伤根
头遍苗，二遍草，三遍四遍顺垄跑

这几句农谚是说锄地的技巧和要领，意思是说中耕第一遍要早锄、浅锄；第二遍要适度锄深，质量要好，要锄净杂草；第三、第四遍要注意不要伤到庄稼的根。

农谚 头遍要抢，二遍不让，三遍跟上

锄地要积极，第一遍要尽早进行，第二遍不能推后，第三遍要在第二遍后紧紧跟上。

农谚 头遍苗，二遍地，三遍度籽粒

第一遍锄地的作用是壮苗；第二遍锄地的作用是松土、提高地温；第三遍锄地的作用是增加粒重，促进丰产。

农谚 头遍稳，二遍准，三遍狠

第一遍锄地，由于苗子还小，应当稳当、适当慢些；第二遍锄地时要把杂草锄净；第三遍锄地时应适度深锄。

农谚 一道锄头一道粪，三道锄头土变金

锄地的效果等同于上粪，多锄地能使庄稼长势良好。

农谚 连锄三遍气死天，又增肥效又抗旱

锄地锄三遍，可以增加农作物的抗逆性，又能增加肥效又能抗旱。

农谚 五月锄金，六月锄银，错过光阴无处寻

农历五月锄地是最关键的时期，农历六月锄地效果也很好，错过这个季节就弥补不回来了。

农谚 早锄三天苗发旺，迟锄三天苗发黄

锄地应尽早，不宜拖延。

农谚 荒了头遍不见面，荒了二遍收一半

在田间管理中，如果不进行中耕除草，将会严重影响产量；如果一遍地也不锄，几乎没有产量；如果只锄一次而没有锄第二次，也只会有一半的产量。

农谚 苗里有杂草，赛过毒蛇咬

农田中如果生长杂草，会严重影响庄稼的生长。

农谚 一年杂草，十年不了

放任杂草长一年，十年都很难消除它们。

农谚 五月草，像马跑

农历五月的杂草，生长速度非常快。

农谚 早铲除草芽，晚铲锄打滑

早锄地会把刚刚萌发的草芽除掉；如果锄地晚，那么杂草生长得茂盛，会很大程度增加除草的难度。

农谚 早铲侍弄地，晚铲侍弄苗

早中耕，提高地温、疏松土壤、减少土壤水分蒸发的效果非常明显；而晚中耕，只能是消灭杂草，保护小苗生长。

农谚 随铲随耥，草少苗旺
苗多欺草，草多欺苗

铲完地后及时培土，田里杂草少庄稼就会生长旺盛，反过来抑制杂草生长。但如果杂草长得多，苗就会弱。

农谚 一浅、二深、三上堆
一道浅、二道深、三道把土壅上根
头遍暄、二遍严、三遍培土合垄眼
头遍浅又精，二遍深又平，三遍堆成圆蓬蓬

这几句讲中耕的要领，意思是说第一次锄地要浅；第二次锄地要深；第三次锄地要注意往垄上多培土。

农谚 锄一看二眼观三

锄地是个认真、仔细的农活，需要把杂草除净，又不能伤了小苗。

农谚 旱天锄地如上粪，涝天锄地如夹根
干铲干耥如上粪，湿铲湿耥如夹根

天旱时锄地就像施肥一样促进庄稼生长；而天涝时锄地，由于土壤水分过多，灭草效果不良，泥片又会压苗，而且脚踩后又会使土壤板结。

农谚 旱锄地皮涝锄根，不旱不涝锄二寸

旱时锄地要浅锄。浅锄可以切断土壤毛细管，并在上层形成疏松土层保墒；涝时锄地要锄得深，可以促进土层中的水分蒸发；不旱不涝的时候锄二寸最好。

农谚 旱锄谷子，涝锄芝麻

天旱时锄谷子，防止谷子受旱；因芝麻怕涝，天涝时锄芝麻，防止芝麻遭受涝害。

农谚 干锄瓜，湿锄麻

天气干旱时，宜瓜地中耕；天气湿涝时，宜麻地（胡麻地）中耕。

农谚 雨后锄一回，抵上一次肥

下雨后锄一次地，效果如同施了一次肥一样。

农谚 旱天要勤锄，涝天要紧锄
天旱浅锄能保墒，雨涝深锄能放风
涝锄三遍不涝，旱锄三遍不旱

天旱时锄地可以保墒；雨涝时深锄可以通风，促进水分蒸发。

农谚 旱锄地壮，涝锄苗壮

旱时锄地有助于熟化土壤，涝时锄地有利于庄稼生长健壮。

农谚 没雨不要怕，握紧锄头把

天旱不下雨时，要多锄地，可以防止土壤水分蒸发，起到抗旱作用。

农谚 干锄黏地湿锄沙，不干不湿锄碱洼

黏土地宜干旱时中耕，可促使土壤疏松；沙土地宜湿锄，不会出现土壤板结；而碱洼地在不干不湿的时候中耕效果最好。

农谚 干锄湿耧，赛如浇油

土壤干旱的时候锄地，土壤湿度大的时候耧地，会如浇油一样促进庄稼生长。

农谚 干锄壮，湿锄旺

土地干旱时锄地可以使庄稼长得壮实，土地潮湿的时候锄地可以使庄稼长得旺盛。

农谚 干锄糜黍湿锄豆，矮锄胡麻长成树

锄糜黍地宜干，锄豆子地宜湿，胡麻宜在苗期开始中耕。

农谚 干锄麦子湿锄豆，矮锄莜麦长成树

小麦地宜干锄，大豆地宜湿锄，莜麦锄地宜早。

农谚 水锄胡麻长成树，阴天下雨锄黑豆

涝时锄胡麻有利于胡麻生长，黑豆宜在下雨后锄。

农谚 牛毛细雨锄豌豆

豌豆可在下小雨的天气锄。

农谚 干锄谷子湿锄麻，雾露小雨锄芝麻

锄谷子地宜干，锄胡麻地宜湿，锄芝麻地可以在下小雨的天气中进行。

农谚 挖瘦根，长肥根；断浮根，扎深根

这句农谚指谷子中耕而言。谷类中耕以促进根系发育为目的，锄断原先的瘦弱根系，促进长肥根，锄断浅层根系，促进往土壤深层扎根，从而使谷子根系发达，有利于吸收土壤水分、养分，并抗倒伏。

农谚 谷锄三遍，八米二糠
谷锄八遍米无糠，做出饭来格外香

谷田多锄地，可使籽粒饱满，有效地减少穗上糠秕的比例，而且品质好。

农谚 谷锄深，麦锄浅，豆子露着半个脸

不同的作物，锄地深浅不同。锄谷子要深，锄麦子要浅，锄豆子时深度要适中。

农谚 谷锄寸，豆锄荚，高粱玉米锄喇叭

不同作物的中耕时期不同。谷子应在苗期中耕，豆子应在结荚初期中耕，高粱和玉米在拔节时期，即大喇叭口初期中耕最适宜。

农谚 麦锄三遍面充斗，瓜锄八遍瓜上走

小麦和瓜类作物多锄都可以提高产量。

农谚 麦子锄三遍，皮薄多出面

麦子多锄产量高，品质好。

农谚 荞锄三遍没有棱，麦锄三遍没有沟

荞麦和小麦锄三遍可使籽粒饱满。

农谚 豆锄三遍，结荚成串

大豆锄三遍，荚多高产。

农谚 豆见草，没个好

大豆地里有杂草，大豆长不好。

农谚 豆子锄到蛋，一亩打一石

“蛋”，开始结荚。大豆栽培中应多锄地，从小苗锄到开始结荚，增产效果明显。

农谚 禾锄三遍仓仓满，豆锄三遍粒粒圆
豆锄三遍荚成团，谷薅三遍比蜜甜

这两句农谚意同。薅：读 hāo，是去掉之意，如薅草，即拔草。这句农谚的意思是栽培大豆应多次锄地，栽培谷子应多次除草，这样可以提高质量和产量。

农谚 棉花锄七遍，桃子如蒜瓣

中耕是提高棉花产量的主要生产环节，宜多耕锄。

农谚 头遍红薯二遍烟

不同作物有不同的关键中耕期，这句农谚指红薯和烟叶关键的中耕时间。红薯最关键的是第一遍中耕，烟草是第二遍中耕。

农谚 芝麻爱听锄头响，前边锄，后边长

芝麻中锄效果明显。

农谚 高粱刨根谷子围，锄大耧小如粪追

指高粱和谷子的中耕方法。高粱在中耕时，宜把根部用锄头锄露出来，谷子中耕时宜多用锄头壅土围根。

农谚 三遍在三伏天，三个玉米打一升

这句农谚指夏玉米的最佳中耕时间，即三遍中耕宜早，均在三伏天进行，增产效果明显。

农谚 糜锄点点谷锄针，高粱玉米两叶心

不同作物适宜的第一次中耕时期不同。糜黍第一次中耕在出苗不久即可进行；谷子第一次中耕在苗高一寸、长相如同针状时效果最好；锄高粱和玉米第一次中耕宜从幼苗长至两叶一心的时候开始。

农谚 玉米对叶锄，苗子黑又粗

玉米在幼苗 2 叶期开始第一次中耕效果最好。

农谚 搜根的玉茭围根的谷

“玉茭”，即玉米。玉米中耕时，宜用锄头把根系锄露出来进行晒根，促使根系发达，有利抗倒伏和高产；谷子中耕时，宜用锄头往根部壅土，增厚根部土层，以防倒伏。

农谚 锄糜子，溜皮子

指糜子中耕时要浅锄。

农谚 谷子锄叶豆锄瓣
谷锄马耳豆锄瓣，苗未出土就锄棉
谷锄针，豆锄瓣

这几句农谚意思相近，指谷子、大豆和棉花第一次中耕的最佳时期。“谷锄针”“谷锄马耳”“谷锄叶”，均指第一次中耕时间要早，在两叶一心时即开始。“豆锄瓣”，即在大豆两片子叶长出时进行第一次中耕。而棉花的第一次中耕，可以在未出苗时进行，以破除土壤板结，有利于出苗。

农谚 麦锄三遍草，风吹雨淋也不倒

小麦中耕三遍，可以有效地抗倒伏。

农谚 麦子不锄一把草，豆子不锄结荚少

中耕对小麦和大豆栽培很重要，不中耕会严重影响产量。

农谚 锄地锄透，肥水不漏

如果中耕锄地做得及时，可以有效地控制土壤水分蒸发、增强农作物抗旱保墒效果，还可以提高土壤肥力。

农谚 锄地不刮边，荒到地中间

中耕锄草时要把地头地边的杂草也锄干净，否则杂草会蔓延到田地中。

农谚 今年锄草剩一棵，明年够你拉一车

杂草生命力旺盛，繁殖能力强，因此锄草要锄干净，否则明年杂草会生长得更多更旺。

农谚 苣荬菜，不能铲，要想灭掉连根捡

苣荬菜是一种多年生野菜，靠种子和根系繁殖，其根系生命力极强。要想在耕地中根除苣荬菜，用中耕除草的方法是不行的，必须把根挖净才行。

第十六节　田间管理

农谚 三分种，七分管，十分收成才保险

庄稼播种很重要，后期的田间管理更重要，只有都做好才能确保有好收成。

农谚 紧手的庄稼，耍戏的买卖

庄稼的播种、管理、收获是耽误不得的，必须不误农时。“耍戏”：东北方言，意为灵活。

农谚 种后不管，打破饭碗

庄稼的田间管理很重要，播种后不进行田间管理，是不能获得丰收的。

农谚 地里不管，场里瞪眼

种庄稼如果不进行田间管理，秋收时会大失所望。

农谚 人误地一时，地误人一年
误了当前，地闲一年

种地要不误农时，如果田间管理跟不上，当年的产量损失是弥补不回来的。

农谚 春争日，夏争时

农业生产的季节性很强，必须不失时机地掌握生产环节。在春季备耕生产、播种时，每一天都很重要，而夏季田间管理中，每一时都很关键。

农谚 阳春三月不动工，十冬腊月喝北风

如果春天该做农事活动的时候没有做，那么秋天就没有庄稼可以收获。

农谚 庄稼不认爹和娘，功夫到了自然强

只要仔细种植、认真管理，庄稼自然就会长得好。

农谚 见苗三分喜，全苗一半收

播种后出苗率高是庄稼生长好的基础，可以预见至少会有一半以上的收成。

农谚 没土难打墙，没苗难打粮

如同土是打墙的基础一样，好的苗子是丰收的基础。

农谚 抓全苗，两条经：精耕细作保墒情

想抓全苗要记住两点：认真细致地耕作，保持土壤适宜的墒情。

农谚 十成收成九成苗

庄稼的丰收，关键在于苗全苗壮。

农谚 七不翻，八不攒

播种后如果出苗率达到七成，就不需要翻种；如果出苗率达到八成，就不用攒种，可以通过适当间苗、留苗，达到合理的留苗密度。

农谚 人压草，当天了；草压人，一大群

该锄草的时候锄草，当天就可以完成，否则杂草繁殖蔓延，锄草工作量就大了。

农谚 荒树不结果，荒苗不打粮

不好好打理果树，结果就不会好；不好好管理庄稼，粮食产量就不会高。

农谚 人勤地出宝，人懒地出草

种地加强管理，就会获得高产；而懒惰、疏于管理，则田地里杂草丛生，不会有好的产量。

农谚 一荒三不收

土地荒芜，是不会有收成的。

农谚 不怕荒年，就怕荒地

“荒年”，自然灾害严重的年份。荒年，是大自然造成的，而荒地是人为的。种地最怕的是人为的管理不及时或疏于管理。

农谚　带尺定苗，先间后锄

定苗要均匀，保证密度，田间管理要先间苗后锄地。

农谚　因地制宜，适当集中

这句农谚指作物布局原则而言。作物布局要合理，要根据当地栽培条件，适当集中。

农谚　种地要抢先，割地要抢天

种地的时间宜早不宜晚，收割时要抢在霜冰、风灾、雹灾前进行，每一天都很关键。

农谚　当种就种，当收就收；晚种失收，晚收粮丢

在该播种的时候及时播种，在该收割的时候及时收割。种得晚了会耽误生长，收割晚了籽粒会自然脱落，影响产量。

农谚　迟早差一晌，产量不一样

迟一天或早一天，导致的结果往往相差很大。因此，种地要不误农时季节，适时播种，及时田间管理。“晌”：天的意思。

农谚　地膜一盖，增产两麻袋

地膜覆盖可以提高地温，保持土壤水分，提高肥料利用率，减少杂草和病虫害的发生，应用地膜覆盖栽培增产显著。这句农谚专指地膜覆盖栽培玉米，每亩可增产玉米 150～200 kg，可装满两麻袋。

农谚　七分采收，三分烘烤

这句农谚专指烤烟而言。烤烟质量的好坏，七分决定于烟草的管理和采收时间，三分决定于烘烤技术。

农谚　农时过了线，收成减一半
庄稼不赶时，后悔就太迟

种植庄稼要按农时安排，这样才能取得好的成效。

农谚　上律天时，下袭水土

“律”是顺应的意思，“袭”是顺从的意思。这句农谚的意思是上要和天道，下要和地道，也就是说种地要遵循自然规律。

第十七节　收　　获

农谚　寸草入垛，颗粒归仓
地不丢穗，场不丢粒

秋收的时候应珍惜每一粒粮食，每一寸谷草。

农谚　秋收四忙：割、打、晒、藏

秋收的时候有四个步骤：收割、脱粒、晾晒、储藏。

农谚　一年劳动在于秋，谷不到仓不算收

这句农谚强调秋收的重要性。一年的农事劳动在秋天见成果，粮食都收进仓库才算秋收完成。

农谚　三春不如一秋忙，秋收一日顶三晌

秋天是一年中最忙的季节，三个春天都没有一个秋天忙，秋收一天的工作量顶得上平时的三天。

农谚　麦黄谷黄，人人上场

小麦和谷子（泛指庄稼）成熟的时候工作量大，需要每个人都忙起来。

农谚　“黄金”铺地，老少弯腰

到了麦收的季节，金色的麦穗成片，全家老少都参与割麦。

农谚　收麦忙，不算忙，论忙还数树叶黄

北方地区农历五月底、六月初小麦成熟，收麦的时候很忙，但一年中最忙的时候还是当数秋天，这个季节高粱、玉米、大豆等作物都成熟了。“树叶黄”，秋天的意思。

农谚　庄稼长好是一半好，护好收好才算好

庄稼长得好只是丰收的一半，还需要管理好，收获好，那样才是真正的丰收了。

农谚　农事无闲月，秋收加倍忙

从事农业生产的人一年之中都没有闲时候，而秋收时节是一年中最忙的

时候。

农谚 抢秋抢秋，不抢就丢

庄稼成熟要及时收获，不及时收获就会遭到早霜、风、雹危害，那样就会造成损失。

农谚 抢收如抢宝，过秋收把草

秋季抢收就像夺宝一样，秋天过了就没得收了。

农谚 不怕不丰收，就怕地里丢

丰收了，还需要及时收获，收得干净，那才是真正的收获。

农谚 收净收不净，相差一两成

秋收时，收得干净与收得不干净会导致产量差一两成。

农谚 秋天地里多弯腰，来年有吃又有烧
秋天地里猫猫腰，强似冬天转三遭

秋收之后将遗落在地里的粮食、柴草都收回来，可以增加收成，改善生活。

农谚 大秋头上坐一坐，来年春天少顿馍

秋天是忙碌的收获季节。如果这个时候偷懒，会影响秋收成果，继而会影响次年的生活。

农谚 早割伤镰，晚割落粒
边熟边割，颗粒不丢

麦、谷、稻等收割要适时，如果早收，粮食没有完全成熟，会影响产量；如果晚收，则容易掉穗、落粒，也会影响产量。“伤镰”，收割太早，粮食没有完全成熟，影响产量。

农谚 九成熟，十成收；十成收，一成丢
麦收九成熟，不收十成落
九成开镰，十成归仓

小麦要在九成熟的时候收获，会有十成的收获；如果十成熟才收获，容易落粒和养分倒流，会影响产量。

农谚 镰刀响，十来晌

秋收一般会进行十多天。

农谚 一人收的粗，十人白辛苦

秋收的时候大家都要认真、细心，如果有一个人收得马虎，其损失相当于十个人的辛苦。

农谚 一步漏一颗，拾起来够一车
一穗丢一粒，一亩丢一锅
一步拾一粒，一亩拾一箩

这几句农谚的意思是秋收时，一定要把粮食收净、捡净，不要小看收割时遗漏的籽粒少，积少成多，如果拾捡起来也是很多的。

农谚 收麦如救火
麦黄不收，有粮也丢
麦是伏中草，晚割“射箭”“掉头”、自跌倒
麦熟一晌，蚕老一时
麦熟一晌，龙口夺粮
麦熟看晌，一晌一样
麦芒扎散，不割遭难
麦子发黄，“秀女”下床

小麦成熟得很快，因此收割小麦就像救火一样不能拖延。如果收得晚，麦粒完全成熟，收割时容易自然掉粒，对收成造成影响。因此，收麦时要人人动手，抢时间、抢进度。“射箭”，指小麦收获晚时麦粒脱落，麦穗像箭一样了。“掉头”，指麦穗弯腰、下垂、落粒；“自跌倒”，即倒伏。“秀女”，清制，于旗属女子年十四而合条件者，由八旗都统造册，送户部奏请引阅，以备妃嫔之选，或指配近支宗室，谓之“秀女”。这里泛指比较娇贵的女子。“秀女”下床，意思是收小麦时是大忙季节，连秀女都得去参加。

农谚 割麦不轻手，麦粒掉着走

收割小麦的时候动作要轻，否则麦粒会从穗上脱落下来，影响产量。

农谚 麦子不受中伏气，割了麦子就整地

北方地区的春小麦子在中伏之前收割，割了麦子就应该及时整地准备夏种了。

农谚 麦粟糜糜，百日回茬

春小麦，谷子，糜黍等都是早熟作物，生育期一般都是100天左右。

农谚 麦子见穗一月收

春小麦从抽穗到成熟大约一个月。

农谚 七月麦子八月麻，九月荞麦收到家

这句农谚指阳历而言，意思是我国北方7月收获春小麦，8月收获胡麻，9月荞麦成熟，应该收获了。

农谚 麦田打滚，十拿九稳

小麦成熟的季节，如果风吹过麦田会出现麦浪滚滚的场面，预示着小麦大丰收。“打滚”，麦浪滚滚。

农谚 麦黄西南风，收麦一场空
麦黄不要风，久风无收成

小麦快成熟的时候气温高，空气湿度小，这个时候如果出现持续刮风天气，就会形成干热风。干热风会使小麦水分快速蒸发，破坏叶绿素，导致其茎叶很快枯萎，籽粒随之干瘪，最终导致减产。

农谚 麦黄不收风来摔，稻黄不收怕雨来

小麦成熟时容易脱落，如果不收割，风会把麦粒吹落；稻谷没有后熟期，成熟了如果不收，下雨会使稻谷发芽。

农谚 麦怕老来雨，谷怕老来淋

小麦成熟期怕下雨。一方面，麦粒如果在完熟前遭到持续雨淋，其最终产量、品质和贮存都会受到影响；另一方面，小麦成熟快，要求收割进度快，收获期如遇降雨，会延误收割。谷子灌浆期遇雨，会出现“倒青”，影响成熟。

农谚 麦子倒，一把草
麦倒一把糠

小麦成熟前怕倒伏，一旦倒伏，严重影响产量。

农谚 麦秀风摇好

小麦秀穗后开始扬花，这时刮风有利于小麦授粉。

农谚 麦要夹生收，豆要摇铃割
大麦收青，豆收摇铃

小麦、大麦要在将要成熟的时候收获；大豆要在完熟之后收获，此时大豆的茎叶变黄，秆和豆荚都已干枯，呈褐色。“摇铃”，完全成熟。

农谚 麦子伤镰堆满仓，糜谷伤镰一把糠

收获未完全熟的小麦，这时产量是最高的；而收获未完全熟的糜黍、谷子，将会严重影响产量。这是因为，糜黍、谷子的完熟期需要的时间较长，收获早了，籽实还没完全成熟。“伤镰”：未完全成熟时收割。

农谚 麦子上了场，日夜都要忙

小麦收割上了场之后，还有很多工作要做：打碾、扬场、晾晒。

农谚 麦碾秸，豆碾蔓，菜籽打得稀巴烂

这句农谚讲的是传统的打场的过程。小麦收割后脱粒时，是在场院里用石磙子碾压带麦穗的秸秆；大豆收割后脱粒时，是在场院里用石磙子碾压整株的豆蔓；而油菜籽较小，要把植株尽量碾碎，便于种子与荚分离。

农谚 麦到芒种谷到秋，寒露才把白薯收

讲不同作物的收获时间不同。冬小麦到芒种成熟，谷子到秋天收割，而白薯需要到寒露才能收获。

农谚 麦捆根，谷捆梢，芝麻捆在半中腰

不同的作物收割后捆绑有别，小麦捆下部，谷子捆上部，芝麻捆中间。因为这样捆绑比较牢固，有利于装车运回场院。

农谚 熟了就割，不割风磨

粮谷作物成熟了就要收割，这是因为北方地区秋天风多风大，如果不及时收割，风一吹，穗子之间互相碰撞，会掉落许多籽粒。

农谚 白露糜子秋分谷，高粱守着寒露哭

这句农谚是指几种农作物成熟、收获的时间。白露节气收获糜黍，秋分节气收获谷子，寒露节气收高粱。

农谚 早收胡麻油葫芦，晚收胡麻黑白籽

胡麻的最佳收获期是黄熟后期，此时籽粒产量和含油量最高，如果收获晚了，产量和含油量下降。

农谚 茭杈穗舌，谷杈穗收

玉米分蘖为无效蘖，不会增加产量；谷子分蘖为有效蘖，可以获得产量。“茭”，玉米。“杈”，分蘖。

农谚 高粱伤镰吃细米，谷子伤镰一把糠

高粱适合早收割，其最适收获期是蜡熟末期；谷子适合晚收割，最适收获期是完熟后。

农谚 豆不让宿，麦不让晌

这句农谚指大豆、小麦的收割期。“麦不让晌”，前文已有论述。“豆不让宿”，即豆收不过夜。这是因为大豆熟了如不及时收割，豆荚会炸裂开，豆粒滚落在地，影响产量。

农谚 豆收旁杈，麦收齐

大豆分枝多，小麦生长整齐，都是丰产长相。

农谚 地冻车头响，山药萝卜正猛长

山药和萝卜耐低温，天冷的时候山药、萝卜还在长，秋末冬初才收获。

农谚 干打谷，湿打黍

传统的打场（即脱粒）时，谷子要等谷穗完全干透时才用石磙碾压，这样脱粒会脱得干净；而糜黍脱粒时是整株碾压，秸秆干时，会将秸秆也碾碎，给扬场（即借用风力把籽粒分离出来）带来困难，因此，糜黍脱粒时要求秸秆还在湿的时候就进行。

农谚 顺风抖，顶风扬，草籽是草籽，好粮是好粮

这句农谚讲的是扬场的过程。有风的时候将脱粒后的粮食扬起，轻的吹落得远，重的就近落地，以此将好粮和秕粮、杂质分离。

农谚 穷豆秸，富谷穰，翻翻腾腾就是粮

传统的打场（即脱粒），是用石磙碾压作物的全株或果穗，从而达到脱粒的目的。但打场时用石磙碾压一次并不能做到全部脱粒，还需要碾压第二、第三次，才能达到全部脱粒。一般地说，谷子的第二、第三次碾压还会收获很多的粮食，因此称为“富谷穰”；而大豆的第二、第三次碾压，收获的粮食会很少，因此称为“穷豆秸”，但为了把粮食收干净，还是要碾压第二、第三次的。

第八章　年景预测

农谚　牛马年，好庄田，就怕鸡猴这两年

农历中的年份，按“地支”排列，也为按十二属排列，如鼠年、牛年、虎年等。农谚认为，牛年马年里风调雨顺，庄稼都会有好收成；而鸡、猴年的收成一般都不好，或旱或涝闹饥荒。

农谚　七月十五定旱涝，八月十五定收成

农历七月十五之前，当年天气是干旱还是雨涝、是否雨水适中，已经基本定下来了；而到了八月十五，由于已经开始秋收，这年是丰年还是歉年、收成好坏也已经定型。

农谚　有钱难买五月旱，六月连阴吃饱饭
六月落连阴，遍地是黄金

农历五月出现旱情可能是好事。因为一定程度的干旱能使农作物根系向土壤深层发展，为后期生长打下良好基础，还能大幅加强作物的抗灾能力；同时还利于人们进行中耕、除草、间苗等田间作业。进入农历六月，正是各种农作物拔节、孕穗阶段，是需水高峰期，因此，连续降雨（连阴天）有助于农作物的生长发育，为丰收打下良好基础。

农谚　三伏不热，五谷不结
三九不冷，五谷不结
冬暖年成差，冬冷年成强

第一句强调农作物生长发育必须有足够的温度和光照，夏季（三伏天）高温，有助于庄稼生长。第二句强调冬季（三九天）连续的低温，能使冬小麦能顺利通过“春化”发育阶段，从而获得高广。并且，冬季低温，可以加速土壤养分的释放。第三句与第一、第二句意思相近。

农谚　六月不连地儿，收成准不济儿

指阴历六月小苗还盖不住地面，年成肯定不会好。

农谚　水九旱三春

“水九”，九天多雪。指从冬至算起，如果降雪偏多，那么后三春（春分、清明、谷雨三个节气）的雨水将偏少，要出现旱情。

农谚 二月河重冻，米面憋破瓮

正月不冻二月冻，豌豆大麦憋破瓮

九九河重冻，憋破米面瓮

以上三句农谚意思相近。农历二月本应该是一个气候有了明显转暖的时节，如果这时候，河水再一次结冰，预示着这年是个丰年。“瓮”，农村中盛粮食的器皿。

农谚 冬腊有雪不为多，明年定有好田禾

腊月三白树上挂，来年好收成

这两句农谚意思是说，如果冬季下雪多，预示着明年是个好年景。“三白”，三场白雪。

农谚 头九热，麦子秕；二九冷，豆子滚

如果今年的“一九”天气气温较高的话，明年的麦子就会歉收；如果“二九”天气冷的话，明年豆类会有好收成。“滚”，丰收的意思。

农谚 三九湿土过三寸，来年糜谷撑破囤

如果今冬三九天降雪多，土壤含水量大，明年是个好年景。这是因为土壤墒情好，加上冬春保墒，为春季一次播种抓全苗打下良好基础。“糜谷”，粮食。“囤”，盛粮食的仓。

农谚 三九不冷夏不收，三伏不热秋不收

三九如果不冷，预示夏粮作收成不好；三伏如果不热，秋粮作物由于光合作用和有效积温不足，就会减产。

农谚 八月初一下一阵，旱到来年五月尽

北方农民的经验。他们认为，如果农历八月初一下雨，会干旱到第二年农历五月末。

农谚 八月十五云遮月，正月十五雪打灯

这是流传于中国广大地区的一句农谚。它是中国劳动人民在长期生产实践中总结出来的天气预报经验。这句农谚的意思是说当年农历八月十五中秋节这天，如果天空被云幕遮蔽（阴天或下雨），看不到中秋圆月，来年正月十五这天就会阴天或下雪。究其原因，正是因为天气存在着前后对应的韵律关系。韵律是指某

一种天气出现之后，对应未来若干天以后将出现与之对应的天气。这种韵律时间长短不一，比较公认的有30天、60天、90天、120天、150天、180天和240天不等。而“八月十五云遮月，正月十五雪打灯”按农历计算，正好是150天的韵律。历史资料验证，每当中秋节这天云幕遮蔽天空、阴天或下雨，来年正月十五这天将会出现阴天或下雪。“云遮月”和“雪打灯”，表面看是云和雪的呼应现象，实质上是两次冷空气活动的呼应关系。也就是说，中秋节前后如果有冷空气活动，造成了“云遮月”的现象。那么，元宵节前后，又会有冷空气入侵，形成“雪打灯”的局面。因此，这条谚语正是入侵中国的冷空气存在5个月左右韵律活动的反映。

农谚 雨打坟头钱，今年好丰年

“坟头钱”，清明节。这句农谚是说，如果清明节这天下雨，今年将会是一个丰收年。

农谚 正月十五雪打灯，一个谷穗打半斤

正月十五如果下大雪，就预示着今年夏秋雨水多，秋粮丰收。

农谚 风吹佛爷面，有粮也不贱；风吹佛爷背，无粮也不贵

这是流传在华北北方的一句农谚，意思是指阴历四月初八。这天，许多北方地区有庙会。这天若刮南风，年景不好；若刮北风，年景好。佛爷是庙里一位佛像，面部是朝南的。“风吹佛爷面”，是指刮南风。“风吹佛爷背”，是指刮北风。

农谚 收花不收花，且看正月二十八

这是流传在河北省一些地区的农谚，意思是正月二十八这天，若晴朗天气，这年棉花一定是好收成。

农谚 冬雪是麦被，春雪是麦害

冬天下雪有利于小麦生长；春天下雪对小麦生长极为不利，容易产生冻害。

农谚 春雪刮满沟，麦子不会收

春季下雪，如果赶上大风天，雪都被大风刮走了，地里没有存雪，这样的雪对冬麦不会起作用。

农谚 春旱不算旱，秋旱减一半

春季，农作物播种后，发芽，生根，出苗，进入幼苗期。此时需要水分较少，春旱对农作物影响不大，而且干旱有利于农作物蹲苗，促进根系发育。进入秋季，大部分农作物抽穗，扬花，灌浆，对水分要求明显而且迫切，这时如果出

现干旱，会严重影响产量。

农谚 夏作秋，没得收

“夏作秋”，指伏天里不热。夏季，三伏天，正值农作物生长旺盛季节，需要高温天气。如果这时出现低温，不利于农作物生长发育。

农谚 雾凇重雾凇，来年好收成

“雾凇”，俗称树挂，是低温时空气中水汽直接凝华，或过冷雾滴直接冻结在物体上的乳白色冰晶沉积物，是非常难得的自然奇观。如果某一地区冬季连续出现或多次出现雾凇天气，预示着这个地方明年是个丰年。

农谚 八月暖，九月温，十月还有小阳春

指北方一些地区，农历八九月很暖和，十月里还像春天一样温暖。

农谚 好谷不见穗，好麦不见叶
好糜不露叶，好谷不露穗

这两句农谚，是说一些农作物的丰产长相。如丰产的谷子，一眼望去看不见谷穗，因为籽粒饱满，谷穗沉甸甸的，谷子被压弯了腰，因此看不见谷穗；而丰产的小麦、糜黍，则看不见叶片，一眼望去，看见的全是穗子。

农谚 要吃胡麻油，伏里晒日头

胡麻是喜光，长日照的作物，在每天 13～16 h 光照条件下能顺利通过光照阶段。光照充足有利于叶片的光合作用，并使分枝增加，单株结果数增多，从而有利于增产，提高含油率。

第九章 农具、农业机械

农谚 农具日日新，工效步步高
三分农艺，七分农具
要想干得巧，农具改革好

“农具”，是农业生产重要的生产资料，是农民在从事农业生产过程中用来改变劳动对象的器具。中国农业历史悠久，地域广阔，民族众多，农具丰富多彩。就各个地域而言，不同的环境而言，相应不同的农业生产而言，使用的农具又有各自的适用范围与局限性。历朝历代农具都不断得到创新、改造，为人类文明进步做出了贡献。

农谚 闲时收拾忙时用，莫到忙时不周全

这句农谚是说，农闲季节要把各种农具都收拾、准备好，农忙时就可以直接使用了。

农谚 备耕大忙抓紧干，收拾犁杖待耕田

“犁杖”，是我国农村耕地、种地的传统农具之一。在备耕时，要把犁杖准备好。

农谚 耱鱼子，条子编，拖碎坷垃土发暄

“耱鱼子”，也称耱，用荆条等编成的一种农具，功用和耙相似。在山西等地，耱鱼子是耙地的主要农具。土地耙过之后，土壤疏松，无坷垃，保墒好。

农谚 坷垃碎，地平坦，全靠磙子转
“三九”磙子走几遍，垄垄庄稼出得全

“磙子”，一种农具、通常是中间粗两头略细的石头圆柱，装在轴架上，在北方，常用来冬、春两季压地保墒，也用以播种以后把覆土轧实，以利于出苗。

农谚 千牛万牛，抵不住“铁牛”喝油

“铁牛”，指农用拖拉机，20 世纪 60 年代初期我国农村开始应用，主要用来翻地、压地、耙地、种地等。随着社会发展和科技进步，农业机械在作物种植

业和畜牧业生产过程中以及农、畜产品初加工和处理过程中普遍使用。中国农民实现了“种地不用牛”的梦想。

农谚 不怕草皮坷垃大，只怕开进圆盘耙

“圆盘耙”，是农业生产中传统的翻地农具，曾经是农家必备的农具之一。经过圆盘耙翻地，整地，土壤疏松、无坷垃。

第十章 农业气象

第一节 日

农谚 日晕雨，月晕风

“晕”，俗称“风圈”，是伴随着天空的“卷层云”而出现。卷层云距离地面6 km以上，那里温度在零下20℃左右。空气中的水汽凝结成小冰晶，大都呈现六角形柱体。当它们在空中排列混乱时，阳光或月光从六角形的一个侧面射入，又从另一个侧面折射出来，就像通过了三棱镜一样，会在太阳或月亮周围形成一个彩色的光环。晕是环状的还是弧状的，是光点还是多彩的，就主要取决冰晶的形状、大小、排列方式以及光的入射角度。晕的颜色排列与虹相反，内侧呈淡红色，外侧为紫色。晕的种类很多，有的呈环形，称之为“圆晕”；有的呈弧形，称之为“珥”或“耳”；有的呈光斑形，称为“幻日”或“假日”。

天空里有晕出现，预示着天气将有变化。形成晕的卷层云是一种降雨云系的前部，接着会出现高积云和高层云，再发展下去会成为雨层云，就要下雨了，而且常伴有大风。一般日晕下雨的可能性大，月晕则多是刮风。

农谚 日枷风，月枷雨

“枷”是旧时套在犯人脖子上的锁，这里表示晕，是日光或月光穿过冰晶结成的卷层云，发生反射或折射而形成的内红外蓝的光环。卷层云多产生在低气压的前方，如低气压逐渐移近，云层将依次转变为：卷层云、高层云、雨层云，接着就下雨。又因为在比较强的低气压区里，风力比较大，所以有这种云出现后，预示将出现有雨有风天气。另外，夜里的卷层云越厚，月枷里的星星越是看不到，表示低气压越迫近，所以还有“日枷风，夜枷雨，枷内无星连夜雨”的说法。

农谚 日晕长江水，月晕草头枯

“长江水”，下雨；“草头枯”，刮风。日晕的出现有时也还是下雨的征兆，月晕的出现也有可能会刮风，需要结合其他的天气条件。出现晕，也许只是云层增厚、风力增强、风向改变而已。

我国大部分地区暖锋是从西向东移动，看到晕说明本地已处于暖锋前部，随着锋面系统移动未来天气将转阴雨并会刮风。

农谚 午前日晕，风起北方；午后日晕，风势须防

正常情况在单一气团控制下，风的日变化情况是早晨小，中午前后逐渐增大，午后又慢慢地减小。这是因为午后太阳光逐渐减弱，对流也逐渐减弱，空气层结也渐趋稳定，因此，风力也逐渐变小。如果午前出现日晕，会从北方起风，如果午后出现晕，风势不但不会减弱，而且呈现大大加强的趋势。所以说“风势须防”。

农谚 日月圈圈有雨到，日月半圈有风刮

出现环形的日晕或月晕，表明将有雨到来；出现弧形的日晕或月晕，将起大风。

农谚 日月周围有黄圈，下雨就在一半天；日月旁边黄半圈，起风就在眼跟前

太阳、月亮四周出现黄色光圈，说明大气中水汽含量较大，尘埃、冰晶等大颗粒也相当多。阳光、月光中蓝、靛、紫部分光被散射，而红光又被大水滴所吸收，使太阳、月亮外面看起来似乎有黄圈。出现这种情况说明暖空气很潮湿，很快就会下雨。在这里“一半天”是很快的意思，并不一定是半天或一天。

太阳、月亮周围出现弧形光圈，同样是由于大气中水汽含量较大，尘埃、冰晶等大颗粒比较多。由于颗粒分布不均，太阳、月亮周围出现的光圈是弧形。出现这种情况说明冷暖空气已经在交汇，很快就就要起风。

农谚 日头伸腿，天将大雨

太阳升起时，有日光从云空中射出来，是要下雨的征兆。

农谚 础润而雨，月晕而风。

古代建筑大都有木柱支撑，木柱下有一块大石成为础石。础石湿润表明要下雨，出现月晕表明要刮风。

农谚 日出胭脂红，无雨便是风
日出火烧云，不是雨便是风

月色胭脂红，不雨也起风。

日出一点红，非雨即风

旭日东升时如天空出现胭脂似的红色，表明天空中的水汽增多，是风雨即将来临的征兆。

农谚 日出遇风云，无雨也天阴

太阳刚出来就有云层出现，那么这天不下雨也是阴天。

农谚 日头出得早，天气难得好

晴朗的天气，大气层结更稳定，地层空气中的水汽、尘埃不易向空中散开，集中在近地面层。早晨太阳刚出来时，被这一层尘埃、水汽所挡，不能马上就看到，待太阳升到一定高度才能被看到。如果天气不好，集结在近地面的水汽、尘埃会向空中散开，太阳一出来就会被我们看到，好像比晴朗天气出现得更早一点。

农谚 日出发白，飞沙走石

太阳出来时天空中没有朝霞，预示着大风天气。

农谚 日落不返光，明日大风狂

日落时没有余光，第二天要刮大风。

农谚 日落北风刹

白天风很大，一到晚上风就停了。这是由于白天太阳高照，局部空气受热上升，其他冷空气与之形成对流。空气的对流就叫风，也就形成了风。晚上没有对流云，也就很少再起风了。

农谚 日出横栅要刮风

“横栅”，横着的栅栏。太阳出来的时候，有横着太阳的栅栏状云彩，表明要刮风。

农谚 “单耳”风，“双耳”雨

太阳出现一边弧形的日晕，说明会有风；太阳两侧出现弧形的日晕，表明将要下雨。

农谚 日落腻冲冲，明天有大风

太阳落下的时候天边灰蒙蒙的，表明第二天将起大风。

农谚 日落胭脂红，半夜搭雨棚。
日没胭脂红，无雨必有风。
日没晴红，不雨也风

日落时，西边天空呈胭脂似的彩霞，它的出现不但说明当时大气中的水汽、尘埃较多，而且大气中已经有云生成，降水的可能性很大。

农谚 日落乌云接，明天太阳歇
老云接驾，不是阴就是下

太阳落下的时候，天边有乌云，那么明天就会阴天或者下雨。

农谚 日落云接山，明天阴雨天

太阳落下的时候，有大片的乌云与山头连接在一起，表明明天不下雨也会阴天。

农谚 日落乌云涨，半夜听雨响

如果太阳落山时，天空的乌云不断增多，半夜就会有雷雨天气到来。

农谚 日落云里走，雨在半夜后

太阳在云中落山，当天晚上下半夜会有雨。

农谚 日落云吹火，明天雨难躲
太阳打洞，雨落无缝

太阳下山以后，如果太阳光仍然可以照射到高空中的云彩，使之呈现红色或水黄色并被我们所看到，说明离本地西边不远的地方已经有高云或积雨云存在，第二天会是阴雨天气。

农谚 日落三条箭，隔天雨就见

“三条箭”是指太阳从云层的空隙中照射下来，在日落黄昏时分出现这种现象说明对流强烈，预示有雨。

农谚 日落天黄黄，大雨淹倒墙

日落的时候，西边的天空看上去呈现黄色，一般是由于大气中有较多的水汽、水滴及吸湿性的大颗粒，因半径较大，水滴能够吸收波长较长的红光而使日光呈水黄色所呈现的景象。当出现这种情况时，说明大气中已经有相当的水汽、水滴和吸湿性颗粒存在，很快就会迎来大雨。

农谚　日落返黄，必有大风

太阳颜色黄，明日大风狂

冬日的下午或傍晚，天空灰蒙蒙的，太阳发黄，预示着明天会刮大风。

农谚　日出早，雨淋头；日出晚，晒煞雁

阴雨过后，如果太阳出来得早，近日还会是接连的阴雨天气；如果太阳出来得晚，则将是晴朗天气。

农谚　日落乌云洞，明朝晒背痛

日落乌云坐，明天好推磨

太阳落山乌云洞，明天晒得腰背痛

太阳下山时，天上的乌云变成紫红色，明天将是晴朗的天气。

农谚　日落返照，晒得猫叫

今日夕阳照，明天戴凉帽

今晚日照楹，明天天必晴

太阳返照，晒得兔叫

傍晚西边明，明日必天晴

返照黄光，明日风狂

在一天中都是阴天，到夕阳西下时，西边的天空晴了，太阳出来了，放出光辉。这种现象也叫“太阳倒照”。出现这种天象，预示着明天将是晴天。“楹”是指房屋前部的木柱子。

农谚　太阳早发笑，大雨淋破庙

太阳笑，淋破窖

太阳升起时呈深红色，说明西边的天空有云存在，将迎来大雨。“笑”，在此处指颜色深红色。

农谚　太阳落地穿山，明朝一定晴天

日落的时候，太阳的射线可以从山头上穿出来，表明第二天一定是晴天。

农谚　太阳现一现，三天不见面

太阳当中现，三天不见面

春季或夏季，中午云层一度裂开，太阳随着显现，云层接着又聚集变厚，恢复阴雨天气，这样的阴雨天气一般都会连续好几天。

农谚　中午太阳暗，等雨煮晚饭

这句农谚，指在夏季连阴天时，如果太阳在中午时分，光线发暗，预示着傍晚时还会下雨。

农谚 太阳西落云彩迎，不是下雨就是刮风

太阳落山的时候，有大片的云彩聚集在西边的天空中，说明将迎来风雨天气，不下雨也会是刮风。

农谚 早白暮赤，飞沙走石

太阳光早晨发白，傍晚发红，将是大风天气。

农谚 西北赤，好晒麦

傍晚的时候西北天边发红，预示明天将是晴朗天气。

农谚 早晨骑马，中午骑牛，傍晚骑个葫芦头

早上太阳出来的时候好像骑马的速度，一下子就出来了；到中午的时候太阳运行速度像是骑着牛，慢悠悠的；到了傍晚，太阳好像骑着一个葫芦头，咕噜一下就落下山了。

第二节　月

农谚 月光带枷，大雨落下

月亮有晕，即为月光带枷。出现这种情况时，天要下大雨了。

农谚 月亮生毛，大雨冲壕

月亮周围出现光圈，也是指月晕。月晕出现，表明将要下雨。

农谚 月亮毛茸茸，不雨就刮风
月亮穿衣，不阴即雨
月亮带大圈有风，月亮带小圈有雨

出现月晕，预示着风雨天气，不下雨也会刮风。“毛茸茸”“穿衣”和“圈”在这里都指的是月晕。

农谚 月亮被圈套，必定大风到

“被圈套”在这里指月亮周围有晕环，这是大风即将来临的征兆。

农谚 月亮长毛，大水成潮

“月亮长毛”，一般是指碧空无云晴好天气下月亮发芒的现象。它既不是晕，也不是华，而是在当时空气中水汽比较多的情况下，月光透过水汽时，被水滴或空气中微粒散射的现象。这是空气中水汽或吸湿性大颗粒半径比较大，具有对各种光波相同的散射能力，因此，我们能看到月光发芒。另外，它也说明当时大气不是十分稳定，有湍流现象存在。因为空气中充满水汽和吸湿性大粒，成云降水的条件已经部分具备，如果有一定外力的影响，那么很快就会下大雨了。

农谚 月晕无星要下雨

出现月晕的时候，如果天空中没有星星，预示着要下雨。

农谚 月晕三更午时风

三更出现月晕，明天中午就会起风。

农谚 月晕星光淡，明日大风天

月晕出现伴随着天空中星光若隐若现，表明第二天会是大风天气。

农谚 月晕没有门，半夜雨沉沉

晕既然是卷层云中冰晶折射阳光、月光时所形成的。如果我们所指的暖锋势力不强或空气不够潮湿，那么它在沿冷空气斜面上升时就不可能达到很高的高度，即使达到很高的高度，也会由于水汽不足而形成冰晶有限，这时我们所看到的晕就只是一段或者是残缺不全。出现这种情况时，天气不见得就转坏，或许只是一个阴天过程。如果暖空气势力很强，水汽又很充足，那么它就有足够的力量达到很高的高度，而且可以形成足够的冰晶，这样所形成的晕就是全晕，也就是谚语里所说的“没有门”。出现这种情况，风雨到来的可能性更大些。

农谚 月亮戴帽，必有风暴
月亮烤火，有雨无处躲

“戴帽”，月亮上边有云。月亮周围有一层内紫外红的光圈，称为月华。月华是由云中小颗粒衍射月光形成的。它的出现说明空中的水汽已经积聚到一定程度，很快就要有雨落下。

农谚 月亮周围有黄圈，下雨就在一半天
月亮打黄伞，三天晴不到晚

在无云或者少云的夜晚，在月亮周围有光轮，呈黄色的时候，称为“打黄伞”。月亮打伞的现象主要是由于月光透过空气时受到空气中空气分子、悬浮物、水汽等物质颗粒散射后所剩余的光衍射而成。当空气中悬浮物和水汽比较多时，

散射光也越多，而青蓝紫散射也越多，剩余光就只有红、橙、黄、绿，这时月亮“打黄伞”。虽然当时天气情况是晴好的，但是已经蕴含着不利因素，天气会变坏。

农谚 月色胭脂红，无雨必起风

月亮本身是不会发光的。它主要是反射太阳的光线，所以月光也主要是白光。当空气中含有半径较大的悬浮物时，波长较短的绿、青、蓝、紫先被散射掉，这样我们所看到的月亮主要是胭脂红的颜色，于是产生“月色胭脂红”的现象。它说明大气中已具备相当多的水汽与杂质，预示着即使不下雨，也会刮风。

农谚 初一月不见，初二一条线

大月初二小月三，月牙出尖

大二小三见月牙，二十七八月一霎

农历是根据月亮圆缺、盈亏的变化而制定的一种历法。农历初一的时候看不见月亮，初二的时候月亮像是一条线；初三那天，月亮两头出现尖尖的形状；农历二十七和二十八，月亮就只出现一下。

农谚 初一生，初二长，初三和四晃一晃，初五初六亮堂堂；初九、二十三，月出月没半夜天；十五不圆十六圆，十七夜里半边天；十五六，两头露；十七十八，黄昏摸瞎；十八十九，坐着等它；二十莫学灯，月出在一更；二十二三，天亮月正南；二十四五，月出鸡吼；二十六，月亮出来去套牛；二十八九，月亮出来扭一扭；三十初一，黑似锅底

农历初一、初二的时候，看不见月亮；初三、初四的时候，月亮才刚能看到，初五、初六，月亮已经明晃晃的很清晰了；初九、二十三，仅前半夜有月亮；十五、十六的月亮是最圆的，这期间通夜都会有月光朗照。第二天早晨，太阳也从东方升起了。西边还挂着一银盘似的圆月；到了十七、十八以后，天黑时就看不到月亮了；十八、十九，天黑后等一会儿，月亮就出来了；到了二十，月亮要等到晚上一更才能出来（一更大约为晚上八九点）；二十二、二十三，月亮升起的时间已经是后半夜，天亮的时候月亮才刚刚升到正南方；随着时间的推移，月亮升起的时间由半夜向黎明推迟，二十四、二十五的时候，月亮升起时公鸡都打鸣了；二十六，月亮出来的时候农民已经把犁耙套在牛身上去耕地了；二十八、二十九，月亮在黎明前只出来一小会儿；到了三十、初一，由于月亮是伴着太阳出现，所以，夜里黑漆漆的看不到月亮。

第三节 星辰

农谚 一个星，保夜晴；满天星，明天晴
一个星星晴半夜，两个星星晴到明

下雨后只要天空中出现星稀少，当晚就能转晴；如果满天都出现了星星，明天一定是晴天。

农谚 半夜星，白天晴

夏秋季节，雨水较多。如果连日阴雨，在夜半时刻天空出现了星星，预示着天气将放晴。

农谚 夜里星光明，明朝仍旧晴

晚上星光明亮，预示着明天是晴天。

农谚 星星布满天，明日好晴天

夜里星星很多，满天闪烁，是明天好天气的预兆。

农谚 星稀天凉爽，星密太阳蒸
夜里星星密，明天好天气
六月星多天必晴

以上三句农谚，意思是夏、秋的时候，如果夜间天空中星星密布，预示着明天天气晴朗；如果天空中星稀，预示着明天天气将会凉爽。

农谚 闪烁星光，雨下风狂
星密又眨眼，天晴不到晚
星星眨眼，大雨不远
星光闪闪，不雨也阴

夏秋季节，夜间星光闪烁（眨眼），预示着明天将会下雨。

农谚 夜里星光明，明天仍旧晴
星星布满天，明日好晴天

繁星满天而明亮，是空气清洁，无云，水汽少而稳定，故明日晴。

农谚 闪烁星光，雨下风狂
星密又拉眼，天晴不到晚

星光闪烁不定，说明空气扰动急剧，密度不均，不久即下雨。

农谚　明星照烂地，明朝晴不起

一个星，保夜晴

“烂地”，即雨后泥泞之地。久雨夜晚忽现星光，并不是晴兆。以下两句意思相同。

农谚　落雨见星，难望天晴

久雨见星亮，来日雨更狂

“泥地”，指下雨。这句农谚的意思是，如果连阴天时夜间天空星光明亮，那么明天将会继续下雨。

农谚　天河吊角，吃上豆角；天河东西，吃上新米

“吃上豆角”，到阴历七月了。“吃上新米”，到阴历十月了。这两句农谚说的是天河位置和农历日期的关系。“吊角”，天河的位置既不是南北向，也不是东西向，而是斜向。“东西”，天河的位置是东西向。

第四节　云

农谚　二更上云三更开，三更上云雨就来

这句谚语讲的是我国东南沿海常见的情形。在那里，一边是海面，一边是陆地；在一天中，海陆的冷热变化不同。水比土不容易变热，也不容易变冷（水的比热比土大）。白天，在太阳的照晒下，陆地很快变热，而海水变热较慢；到了晚上，陆地很快变冷，而海水较暖。因此，夏天陆地上的积云，通常是下午大量出现，一般到晚上就消散了；而海上的积云，却要到傍晚才生成，然后到下半夜才消散。这是正常现象，也就是谚语所说的二更时起的云，到三更时会散去。但是海边半夜后生起的云，却不是当地形成的，它多半是随着低气压或锋面从别处移来的。等到它们移近时，天就要下雨了。所以，三更后出现的云，会是下雨的先兆。

农谚　早上云如山，必定下满湾

天上铁砧砧，地上水成滩

积雨云的白色云顶，好像一把倒插着的扫帚，也像打铁用的铁砧。云往哪边移动，这“扫帚”或“铁砧”也往哪一边伸展。积雨云是由积云发展而来的。在积云还未变成积雨云之前，因为云块还不够高大，不见白色的扫帚形云顶。积云

一般不下雨。后来积云愈长愈高，伸入很冷的高空，云顶结满小“扫帚”或“铁砧”。积云顶长出“扫帚”或“铁砧”后，就变成积雨云，雨点就会在冰粒和水珠同时存在的情况下很快长成，雷电也出现了，暴雨马上落下来。所以，积雨云的“扫帚”或“铁砧”形的云顶，是雷雨的先兆。

农谚 扫帚云，泡死人

早阴阴，晚阴晴，半夜上阴不到明

这是我国内地的情形。“晚阴晴”是指陆地上空午后的积云，到了傍晚因地面开始散热，一般不能继续长高，便四散铺开而遮住了大半个天空，变成晚间层积云。它不久会消散，所以傍晚的阴天是未来天晴的先兆。这个道理跟“二更上云三更开”是相近的，不过那是讲海边的情况，天空转阴转晴的时间要移后一些。“早阴雨”和“半夜上阴不到明”，都是说夜里从远处移来的低云，一般不会很快消散，所以一早起来就是阴天，这一天也将是阴沉的天气；而半夜里起云转成的阴天，还会因云本身在夜里散热，促使云中冰粒增大为雨点，以致等不到天明就会下雨，比“三更上云雨就来”，下雨的时间要提前一些。内陆和盆地常有的“夜雨”，多半是在“半夜上阴不到明”的情况下降落的。

农谚 山罩雨，河罩晴

山尖“戴帽”，牛倌羊倌睡觉

云下山，地不干；山戴帽，大雨到

老云坐山不过三

山出云，大雨淋

云布满山底，连雷带大雨

天低有雨天高旱

山顶溢云，大雨将临

有雨山戴帽，无雨山没腰

有雨山戴帽，无雨河起罩

山尖“戴帽”指山顶上有云层，羊倌睡觉指下雨。罩在山头上的云，多是低空里的层云或雨层云。云低表明空气中的水汽很丰富，容易有雨点生成；而云缠绕在山腰（云下山），仍然是下雨天气（地不干）。罩在河上的却是雾，它多半是夜间地面散热，挨近地面的下层空气变冷后凝成。太阳出来后，因地面受照晒而增热，下层空气的温度升高，雾便消散，天空将仍然晴朗。

农谚 早看东南，晚看西北

朝看东南云，势必午前雨；暮看西北云，半夜有风雨

早起天无云，日出渐光明；暮看西北明，来日定晴明
早看东南云，午后必有雨；晚看西北晴，明日更晴朗
云从东南涨，下雨不过晌；西北风云生，雷雨必震声
早看东南黑，雨势午前急
西北方露天，明晨必晴天
西北云开缝，明朝定是晴

以上几句农谚，是通过观察天象而进行天气预报的。一般地说，夏天的时候，早晨东南方如果出现积雨云，上午会下雨，最迟下午也会下雨；晚上西北方向有积雨云，夜间会下雨。或连日下雨，如果晚上西北方向晴天，那么明天将会晴天了。

"积雨云"，积雨云也叫雷暴云，是积状云的一种。积状云是由于空气以对流运动形式造成云层冷却，使水汽饱和凝结而成，其中包括淡积云、浓积云、积雨云、碎积云。"早起天无云，日出渐光明"，这句农谚意思是在夏日里，连日下雨，如果黎明时分，天空万里无云，则当天白天就晴天了。

农谚 早怕南云涨，晚怕北云推

早上南面有很多云在弥漫，傍晚北面云彩翻动，表示未来天气将下雨了。

农谚 云往南，连阴天；云往北，发大水；云往西，牛倌羊倌披蓑衣；云往东，天放空
云往南，水潭潭；云往北，好晒米；云往西，马溅泥；云往东，一场空
乌云在东，有雨不凶

天空中的云都是在移动的。以上几句农谚，是根据云移动的方向来判断未来天气的。一般地说，云层向南移动，天要下雨；云层向北移动，要下大雨，但有些地方说云层向北移动，天气晴朗（好晒米）；而云层向西移动，天也是要下雨的；云层向东移动，要晴天。

"蓑衣"，是劳动者用一种不容易腐烂的草（民间叫蓑草）编织成的一种用以遮雨的雨具，厚厚的像衣服一样能穿在身上。后来人们发现棕后也有用棕制作的。

农谚 天上勾勾云，地上雨淋淋
上钩云，下钩雨，云彩朝里钩降大雨
天上炮台云，三日雨淋淋

云似炮台形，没雨必有风

当天空中出现“炮台”形的云彩的时候，是下雨刮风的预兆。

农谚 乌云接落日，不落今日落明日

乌云接日高，有雨在明朝

乌云接太阳，猛雨两三场

太阳落了乌云接，不等半夜雨临头

日落西方云，明日雨纷纷

日落云里走，雨雪半夜后

以上几句农谚，意思基本相同，都是说太阳快落山时，被乌云挡住。出现这种情况时，天气快要下雨了。若是冬天出现这种情况，则天气快要下雪了。

农谚 早烧阴，晚烧晴

如果早晨太阳一出时出现火烧云，那么这天可能是阴天；如果太阳快落山时出现火烧云，那么这天夜间和第二天将是晴天。

农谚 天上扫帚云，三日雨淋淋

火烧云，晒死人

第一句农谚意思是说，夏季里，当天空中出现扫帚状的云彩时，预示着近三天都会下雨。“扫帚云”是一种积雨云的俗称，通常在有大雨即将来临的时候会出现。这是中国劳动人民在生活中积累下来的气象经验。第二句农谚意思是说，天空中出现火烧云，晴天的时候要多一些。这两句农谚和上句农谚大同小异。

农谚 西北阴，雨纷纷

西北黑云生，雷雨必震声

夏日的下午，如果西北的天空阴云密布，很可能要下雨的。

农谚 乱碰云，雨淋淋

棉花云，雨快临

朝有棉花云，下午雷云鸣

云似棉絮，雨如汗流

“棉花云”指的是夏天晴空中出现一团团、一簇簇像破棉花絮一样的云朵飘散在天空，大小不一，高低不匀。这也就是我们所说的絮状高积云（如果高度低的话也可以是絮状层积云）。

絮状高积云一般生成于3～5 km高空。它的生成环境是空气中有强烈的不稳定的扰动对流产生，同时空中要有一定水汽。实际上它是空中的一种对流云，由

于高度高我们看上去个体小些，也由于周围环境比较干燥，云的边缘部分被蒸发因而显得破碎一点。这种云的存在说明整个空气层很不稳定。白天在太阳光照射下，热力作用加强，对流产生。在空气层结本身不稳定的情况下，一旦有对流产生，这种对流在不稳定的空气层结作用和影响下会很快发展成浓积云、积雨云，跟着雷鸣电闪下起雷阵雨来。

农谚 娃娃云，雨淋淋

以上所说的“勾勾云”“炮台云”“扫帚云”“娃娃云”，这些云一般出现在低气压的前方。出现这种云以后，如果云层逐渐降低，云层变厚，说明低气压已接近本地，天气将要转为阴雨。

农谚 云绞云，雨淋淋
乱云天顶绞，风雨来不小
天上乱绞云，大雨要倾盆
天上乱碰云，大雨要来临
乱碰云，雨淋淋
黑白云乱绞，先风后雨到
乱云满天绞，风雨小不了

这种情况多数发生在锋面附近，因为锋面以上吹南风或西南风，锋面以下吹偏北风或东北风，它们各按自己的方向带着云流动、从地面上看，就有“云交云”的现象，而在锋面附近都是下雨的，所以，“云绞云”预示着要下雨。

农谚 鱼鳞云天，不雨也风颠
天上鱼鳞云，地上雨淋淋
云势若鱼鳞，来势风不轻

天上出现一种鱼鳞状白色小云片，常常排列成行或成群，这就是卷积云。卷积云往往是由于高层空气不稳定，从卷云、卷层云变化而来。这种云往往出现在低气压的前方，随着低气压的迫近，将出现阴雨或大风天气。

农谚 早上朵朵云，下午晒死人

这句农谚的意思是说，早上的云看起来淡淡的、一朵一朵的，到了中午下午就会很热。

农谚 夏日多晴云
疙瘩云，晒得欢

这几条谚语中所指的云都是晴空中的淡积云。为什么淡积云会象征晴天呢？

我们必须从形成淡积云的几种情况来看。

夏天早晨若天气晴好，地面由于受太阳光照作用，迅速增温，近地面空气也由于受地面增温后长波辐射的影响，温度也迅速增高，近地面空气就膨胀变轻而上升，这就是热力作用而产生的对流。上升气流在上升过程中冷却到一定程度，空气中水汽便会凝结成云，生成淡积云。如果这时空气层结很不稳定，淡积云还可以向上发展成淡积云、积雨云。但是如果空气层结很稳定，淡积云就无法向上发展，这样就形成了一块块孤独发散的淡积云，漫无秩序地飘浮于空中形成天上朵朵云的景象，而淡积云是肯定不会下雨的，因而天气也就自然而然地为晴好天气。

淡积云的另一个形成成因是可以由雾在消散过程中抬升而形成的。有雾的天气一般是好天气象征，那么这样的天气形势而产生的淡积云也自然是好天气的征兆了。

农谚　天上鱼鳞斑，明天晒谷不用翻

“鱼鳞斑”，是指气象学上的透光高积云。一般在三四千米的高空出现，是由许多灰白色的小云块，有规律的排列而成。各个云块互相分离，又互相并合，在云块的空隙，可以看见蓝天。云层较厚的地方，也能显示太阳和月亮的位置。整个云层比较薄，中心稍厚，看上去中心灰暗，边缘较薄而明亮。一明一暗宛如鱼鳞。云块排列整齐，又像屋顶上的瓦片，群众叫它“鱼鳞斑”或“瓦块云”。

这种云多在高气压的控制条件下，大气比较稳定，是在空中逆温层下形成的云，是晴天的征兆。所以，群众中流传着“天上鲤鱼斑，明天晒谷不用翻”。

农谚　楼梯天，晒破砖

“楼梯云”指的是滚轴状的层积云或高积云。这种云的形成主要是空气中一定高度上存在稳定的逆温层，而在逆温层底部的冷空气内水汽易于集中经常处于近饱和状态。这时如果逆温层底部存在波动气流的话，波峰处由于空气抬升，绝热冷却水汽凝结成云；波谷处绝热下沉，增温水汽蒸发不易生云。

于是就生成楼梯一样的一层云隔着一道蓝天向远处伸展开来。这种云由于上面有逆温层存在，因而不可能再向上发展，所以一般情况下不会下雨。而波动气流一旦消失，云就可能趋于消散，所以有“楼梯天，晒破砖”之说。

农谚　游丝天外飞，久晴便可期
游丝天空停，可以望久晴

游丝是很细的云条，指毛卷云。这种云孤立地出现，一般说明高空比较稳定；如果云没有系统地增多变厚，一般预示天气继续晴朗。

农谚 逆风行云有大雨
逆风行云天要变

大风和浮云的走向相反，说明大气高低层风向不一致，易引起空气上下对流，产生雷雨等对流性天气，预示着大雨即将来临。

农谚 乌云飞得高，明日晒断腰

“乌云飞得高”，表明低层云消散，云层边薄，露出原来就在高层的云，预示着天气容易转晴。

农谚 云下日光，晴朗无妨

日光从乌云底部透射出来，说明乌云正处于消散阶段，不可能造成刮风下雨的坏天气，这种现象一般总是预示着晴好天气。

农谚 云作被，夜不寒，晴夜冷凉阴夜暖

近地面的气温主要来源于地面的散射温度。阴天时，由于有云覆盖，地面散射的温度损失小，因此温度较高。而晴天的夜晚由于没有云层，热量散失比较快，所以比较冷。

农谚 白头脑，黑云条，就会下冰雹
黄云上下翻，将要下冰蛋

雹云的云底较低，一般离地面只有几百米，而云顶却很高，可达到十几千米，云体相当深厚。云体的下部是由水滴组成的暖云（温度在0℃以上）；云体上部是由冰晶、雪花和过冷水滴（温度在0℃以下未冻结的水滴）组成的冷云；云体的中部是冰水共存的区域。

农谚 早晨浮云走，晌午晒死狗
今晚花花云，明天晒死人

早上看到云在飞快地移动，中午就会很热，热得连狗都受不住。如果晚上天空中出现“花花云”（分散的云朵），预示着明天将是晴天。

农谚 云如宝塔，大水要发

当天空中出现宝塔状的云时，天要下雨了。大水要发，下雨。

农谚 早晨天空穿，晚上四角悬，明朝一定是晴天

这句农业气象谚语，意思是说如果今天早晨天空晴朗，晚上虽然天空或有

云，但四周都露有蓝天，那么明天一定是晴天。“穿”，天气晴朗。

农谚 天边云不浓，不久就天晴
天边云很浓，雨天难得晴

夏日，连阴天的时候，如果傍晚西边的天空云层很淡，那么天气很快就晴朗了；如果傍晚西边的天空云层很浓，那么天气很难放晴。

农谚 天边挂黑云，有雨似倾盆

傍晚时分，西方的天边上出现黑黑的云层，是要下雨的预兆。

农谚 早上乌云盖，无雨也风来
清晨起海云，无雨天也阴

“海云”，浓积云的一种。清晨，天空中出现浓积云，是要下雨的预兆。

农谚 云自东北起，必定有大雨
东北乌云下大雨
云里夹日头，半夜水里走
顶风上云，不用问人
要晴望山清，要雨望山白
旱时有云晒得欢，涝时有云雨淋淋
云下山有雨，云上山看晴

以上几句农谚，都是关于预测下雨的。第一句的意思是夏季里，如果有积雨云从东北方向移来，是要下雨的。第二句的意思是如果云层里太阳时隐时现，也是下雨的预兆（“水里走”，下雨的意思）。第三句意思是说，如果刮南风、云从北向南移动或者是刮北风、云从南向北移动，这就是顶风上云，在这种情况下，会下雨的。第四句是远山轮廓清晰，是晴天的预兆，而远山看着发白、不很清晰，是要下雨的预兆。第五句是说，天气干旱时，即使天空中有了积雨云，也很难下雨；而天气涝时，天空中有了云彩就会下雨。第六句是说，雨季时，云层低，常在山腰绕行，将还会下雨；而云层高、已经飘在山顶的上方，这是晴天的预兆。

第五节　雨

农谚 江猪过河，当夜滂沱

“江猪”是指雨层云下的飞乱云，云体支离破碎，活像一群群小猪仔。“滂沱”形容大雨的意思。飞乱云是在有雨点从雨层云中降落时，因云外的温度比较

高，雨点落出雨层云底后，马上又化成水汽。之后，水汽上升接近雨层云底，又因变冷而重新结成一团团小云块。在满天乌云下有这种飞乱云，表明云中水汽十分充足，并且有了比较大的雨点，因此，大雨马上会降落下来。有时这种飞乱云又会被大风吹往远处，吹到附近天晴的地方，所以，夜间看到有像江猪状的云飘过“天河”（银河），是有大雨的先兆。

农谚 先下“牛毛”没大雨，后下“牛毛”水连天
雨前蒙蒙不肯落，雨后蒙蒙不肯停

雨季时，如果一开始下的牛毛细雨，那么不会下大雨；而大雨之后又下起了牛毛细雨，这是连阴天的预兆，将会继续下雨。

农谚 大旱不过五月十三

这句农谚是北方农村的传统说法。历年农历的五月十三日，通常处于夏至至小暑节间的前后，正常的气候都会出现降雨的过程。民间传说称此日若下雨，是关老爷（关羽）在“磨刀”，其磨刀的用水是从南天门处降落到人间的，于是就下雨了。而这天下雨便是吉兆，雨下得越大越好，预示着当年的年景风调雨顺，国泰民安。

农谚 不怕初一下，就怕初二阴

这是农民总结出的经验。意思是说农历初一那天下雨没有关系，初二下雨或阴天，那前半个月雨水就多；如果初一初二都是晴天，那前半个月以好天为主。

农谚 一年三季东风雨，独有夏季东风晴
东北风，雨祖宗

季节不同，风向所反映的天气也不同。“一年三季东风雨”“东北风，雨祖宗”，表明吹了偏东风，1～2 天内天气将转阴雨；而夏季吹偏东风，将海上温度较低的气流吹到陆上，起调节气温的作用，不易下雨，尤其不易出现雷阵雨。

农谚 年纪活到八十八，未见东南大雨发

气旋和其他种风暴通常是从西向东移动的，所以，只有发生在西方的风暴，才能影响到本地。发生在东方的风暴，只会再向东去，不可能再影响本地。

农谚 春雨贵如油，春风裂石头，耕地跑了墒，年景一半丢

这句农谚是说，我国北方地区的气候特点是十年九旱，年年春旱，春天降雨很少，故有“春雨贵如油”之说。而在春雨很少的同时，刮大风的天气却很多。由于春季气温逐渐上升，加上刮风，耕地失墒严重，很难一次播种抓全苗，于是

会出现“年景一半丢”。

农谚 旱地春雨贵如油，河套春雨庄禾愁

“河套地”，由于土壤含水量高，且由于土壤解冻需要时间较长，往往到了农作物播种期土壤还未完全解冻，不能落墒，土壤水分含量高。这时如果再下春雨，使河套地不能如期播种，只能种植生育期偏短的作物，所以有了“庄禾愁”。

农谚 一场春雨一场暖，十场春雨穿衣单

春季，气温逐渐升高，因此有了“一场春雨一场暖”之说。而“十场春雨”（多次春雨）以后，天气已经进入夏天，人们开始穿单衣了。

农谚 二月干一干，三月宽一宽

北方农历二月，气候还是很干旱的，即“干一干”，进入三月后，降雨逐渐多起来了。

农谚 夏天雨，能隔墙，这边下雨，那边出太阳
夏雨一堵墙，淋女不淋娘
道东下雨道西晴

以上几句农谚所描述的现象是因为头顶上空的云达到下雨的条件了，但是这片云并没有挡在你和太阳之间，因为阳光可以斜射。尤其是夏天对流天气多，很容易出现那种积雨云，一大团一大团的，一团云就能导致突降一场大雨。如果这团云不是很大，就不一定能挡得住阳光，你就能边享受阳光边享受大雨了。这也是为什么在夏天，同在一个城市，却遇到不同的天气的原因。这几个地方下暴雨，那几个地方只下小雨，甚至是滴雨不见，都是很正常的。

农谚 淋伏头，晒伏尾
初伏有雨，伏伏有雨
淋了伏头，下到伏底

以上几句农谚，说的是有关伏天下雨的。第一句是说如果入伏前一天下了雨，那么出伏后会出现天气干旱。第二句是说如果头伏（初伏）里下了雨，那么伏伏（中伏、末伏）都会下雨。第三句是说如果入伏前一天下了雨，整个伏天雨水都会比较多。

农谚 伏中无雨，农民噘嘴

进入三伏天，各种农作物进入孕穗、抽穗阶段，是一生中需肥需水高峰期。此时如果肥、水充足，农作物会穗大粒多；而此时如果缺肥缺水，会严重影响产量。

农谚 夏雨连夜倾，不久便天晴

夏季里，如果夜间下雨，到了白天就会晴天了。

农谚 伏里雨大，九里雪大

这是一句关于气象预测的农谚，意思是说，如果三伏天里下雨较多，那么三九天里下雪也会多。也有一些地方把这句农谚叫“九里雪大，伏里雨大”，意思是一样的。

农谚 一场秋雨一场寒，十场秋雨穿上棉
一场秋雨一场凉，三场白露一场霜

秋季是由夏到冬的过渡季节，每当北方冷空气南下，并与暖气团产生交汇，就会带来一场秋雨、一阵秋风，造成一次降温。气温也将变得一次比一次低，十场秋雨过后，大约就是秋尽冬始了，人们就需穿上棉衣御寒了。同样的道理，三场白露之后就要下霜了。

农谚 关门雨，下一宿
开门雨，关门晴
雨打五更，日晒水坑
开门雨绵绵，晴朗在午前
早晨下雨一天晴，黑夜下雨到天明
早起下雨当日晴，当日不晴下到明

这几句农谚，概括起来说了两个意思。一个是如果晚上下雨（“关门雨”，晚上开始下雨），会下一个夜间（“一宿”，一个夜间）；另一个意思是如果早晨开始下雨（“开门雨”，早晨下雨），当日就会晴天了，如果当日不晴，就会出现连阴天天气，会继续下雨到第二天。“雨打五更”，夜间下雨。“五更”，指黑夜。

农谚 冷雨热雪

指下雨天气温会下降，而冬季下雪天，会觉得不是很冷，反而觉得有点暖和。这是因为下雪时属于水蒸气遇冷凝固，凝固放热，所以感觉热；下雨时部分水（雨）变成水蒸气，蒸发吸热，所以感觉到有些冷。

农谚 雨打鸡鸣丑，雨伞不离手；雨打黄昏戌，明天燥悉悉

“丑”，地支的第二位，旧式计时法指清晨 1—3 点这段时间，正是鸡鸣时分。“戌”，拼音 xū，地支的第十一位。戌时，旧式计时法指晚上 7—9 点这段时间。这句农谚是说，如果清晨下雨，白天会继续下雨；如果晚上下雨，明天会是

晴天。燥悉悉：干燥，晴天的意思。

农谚 闷极下雨

天气闷热，不久雨急

以上两句农谚，说的是夏日，尤其是三伏天，天气闷热，是要下雨的征兆。

农谚 久雨必有久晴，久晴必有久雨

久雨闻鸟声，不久转天晴

久晴西风雨，久雨西风晴

以上三句农谚，均指的是夏天。第一句是说夏季下雨的时间很久了，就会出现较长时间的晴天；而较长的晴天后，又会出现较长时间的降雨天气。第二句是说夏季下雨的时间很久了，如果听见鸟鸣，是要晴天的预兆。第三句是说夏天天气晴朗时间久了，如果出现西风，将会下雨；而下雨时间久了，如果出现西风，是天要放晴的象征。

农谚 若要晴，看山清；若要阴，看山白

如果看山清晰，那是晴的预兆；如果看山白蒙蒙的有雾气，那是阴天的预兆。

农谚 落雨落个“泡”，明日陌千道；落雨落个“钉”，明日雨不停

一点一个“钉”，下到天明也不晴

夏季里连阴天，地面已有积水了。这时如果还在下雨，雨滴落在地表水面或湖面（包含河面）上，若出现“钉”形水泡，预示着会继续下雨；如果出现“泡”形水泡，预示着要晴天了。“陌千道”，晴天的意思。

农谚 寒水枯，春水铺；春水铺，夏水枯

这句农谚的意思是若冬天雪少，春雨将多；若春雨较多，则夏雨较少。

农谚 落雨怕天亮

这句农谚的意思是夏季连阴天气，当天空发亮时雨就下得更大。

农谚 亮一亮，下一丈

夏季里连阴天，如果天空中出现暂时云层发簿、天空发亮，那么随后或将会出现更大地降雨。

农谚 夹雨夹雪，没休没歇

这句农谚是说，早春、晚秋季节，如果出现雨夹雪的天气，将会持续一段时间的。

农谚 快雨快晴
多风暴雨下不长
骤雨不终朝，迅雷不终日

这三句农谚的意思是说暴风雨的时间都不会持续时间太长。

农谚 雨下东南风，不用看天空
雨过起东风，夜里雨更凶

这两句农谚的意思是下雨时或雨后刮东风或东南风，预示着会继续下雨。

农谚 雨声发喘，河水发涨

这句农谚的意思是如果下雨时雨一阵大，一阵小，将会出现暴雨。“河水发涨”，下暴雨的意思。

农谚 雨打一条线，干旱一大片

这句农谚的意思是降雨是有一定范围的，而干旱则面积较大、范围较广。

农谚 天低有雨，天高旱
天闷有雨，天高旱
远山看不真，阴雨要当心
清早天气闷，午后有阴雨
天热不舒服，有雨不过午

这几句农谚均为预测降雨的。第一句中的“天低”，是指云层低，这时会下雨；“天高”指云层高，这时天气会干旱。同样，第二句中的“天闷”，也指云层低，气流流通不畅，出现天气闷热，这时会下雨；“天高”时天气会干旱。第三句中“远山看不真”，指空气中水分大，雾气重，这是要下雨的预兆。第四、第五句与第二句意思相同。

农谚 久雨傍晚停，一定转天晴

夏季连阴天，如果傍晚雨停了，是晴天的预兆。

农谚 春寒雨丢丢，夏寒雨断流

这句农谚是说，春季里出现暂时低温天气，是降雨的预兆；而夏季里出现暂时低温天气，则不会降雨。

第六节 雷

农谚 雷打一百八
雷打一百二
雷见霜，一百五

指初雷后见初霜的时间。华北地区初雷到初霜的时间为180天左右；东北大部分地区初雷到初霜的时间为150天左右；而一些高寒山区，初雷到初霜时间为120天左右。

农谚 雷打惊蛰前，四十五天不见天

华北地区南部，如果惊蛰前出现初雷，那么45天内都是阴雨天气。

农谚 孤雷不过三，过三十八天

指在夏季里，如果只出现一声雷声（指“孤雷”），那么3天内会有降雨；而3天内不降雨，那么在18天后才会降雨。

农谚 六月雷雨不过日

指农历六月天，如果出现雷雨，时间不会太长，很快就会结束。

农谚 正北开雷南方旱，西北开雷冰雹蛋；西南开雷刮大风，东北开雷是晴天

以上几句农谚，是根据雷声的方向来判断是否会降雨。第一句意思是如果正北方出现雷声，天气不会降雨（南方旱）；第二句的意思是如果西北方出现雷声将会下冰雹；第三句是说如果西南方向出现雷声将会刮大风；第四句是说东北方向出现雷声将是晴天。

农谚 早晨电飞，大风可期

这句农谚是说，如果一天早晨出现闪电、雷声，那么这天将是大风天气。

农谚 雷轰天顶，虽雨不猛；雷轰天边，大雨连天

这句农谚是说，在夏日雷雨天气中，如果天空当中出现雷声，那么这场雨不会很大；如果天边（指远处）出现雷声，那么这场雨会下得很大。

农谚 霹雷闪电，冰雹可见

这句农谚是说，如果出现霹雷闪电天气，可能会下冰雹。

农谚 当头雷无雨，卯前雷有雨

“卯”，十二地支中的时辰，指每天上午的5—7点。这句农谚的意思是如果天空当中出现雷声，可能不会下雨；如果清晨出现雷声，那么这天将会下雨。

农谚 雷雨三过晌

夏季里的雷阵雨天气，一般出现在下午，也就是“过晌”。而一旦下午出现雷阵雨天气，会持续三个下午都会出现雷阵雨天气。

农谚 疾雷易晴，闷雷难晴

“疾雷”，急剧发出的雷声。“闷雷”，声音沉闷不响亮的雷。夏季的连阴天时，如果天空中打疾雷，天气会很快晴朗；如果天空中打闷雷，天气很难晴朗。

农谚 晴天响鼓，雨落鸡鸣

这句农谚是说，如果晴天里响起了雷声（响鼓），那么夜间就会下雨。“鸡鸣”，夜间快亮天的时候。

农谚 雷打秋，没得收

“雷打秋”，指秋天下冰雹。秋天，庄稼已抽穗，灌浆，或即将成熟，这时如果下了冰雹，庄稼就不会有什么收成了。

农谚 一夜起雷三日雨

进入夏季，雷雨增多。这时如果夜间响起雷声，将会出现连续降雨。

农谚 早雷不过晌，夜雷十日雨

此句农谚，和上句意思相近，意思是说，如果清晨响起雷声，中午前后即会出现降雨；如果夜间响起雷声，将会出现连续降雨。

农谚 雷听八百，闪照三千

此句农谚是说，雷声可传八百里，闪电光可照三千里。

农谚 雷公先唱歌，有雨也不多
先打雷，后下雨，顶多下场大露水

夏秋季节，如果天空中先响起雷声，那么下的雨不会很大。

农谚 西南雷，十三轰，大雨往下冲如果西南方响起雷声，会有大雨、暴雨。

农谚 连天雷轰多下雹
雨中雷声远，冰雹暴雨天

这是两句根据雷声来判断冰雹的农谚。第一句是说如果天空中持续响起雷声，可能会下冰雹。第二句是说如果雨中在远处响起雷声，可能会下冰雹。

农谚 先雷后雨，雨势不止；先雨后雷，其雨必大

这句农谚是说，夏季连阴天的时候，如果先响雷声后下雨，将会继续下雨；如果先下雨后响雷声，雨势将会增强。

农谚 雷公鸣，雨即停

指连天降雨，有雷声后降雨会停止。

农谚 旱天雷声大，有雨也不大

春、夏季，如果天气干旱，即使响起雷声，也很难下雨。

农谚 孤雷则旱

如果天空中只有一声雷鸣，则不会下雨。

农谚 雷声绕圈转，有雨不久远；雷声绕圈转，有雨不用算

如果持续响起雷声，则很快就会下雨了。

农谚 久晴响雷必大雨，久雨响雷天快晴

夏季里，如果持续天气晴朗，此时响起雷声，那么就快下雨了；如果是连阴天，此时响起雷声，那么就快晴天了。

第七节 雹

根据冰雹的大小、软硬程度和结构，大致可以将冰雹分为冰雹、软雹、冰丸和霰。

冰雹都是由一个不透明的核心和核心外面层层透明和不透明交替出现的冰层组成。软雹结构松散，质量小，落地容易破碎。软雹一般在高纬度或高原上出现。冰丸是直径在 0.5 cm 以下的固体小冰块或小冰球，结构坚硬。霰是直径在 0.2～0.5 cm 的白色或乳白色不透明颗粒状固体，结构松软，着地容易破碎，一

般呈球形或圆锥形。

冰雹是在积雨云中产生，但不是所有的积雨云都会产生冰雹，即使在会下冰雹的积雨云中，也不是整个积雨云都会产生冰雹，冰雹只产生于积雨云中上升气流最强的那部分。产生冰雹必须有足够的上升气流将水滴送到很高的高度，之后在那里凝结成雹核，并且几经升降逐渐增大。只有在上升气流最强的地方才能支撑住足够大的冰雹使它不提前下落，只有足够大的冰雹才能使它在下落过程中不会消失或者融化成雨滴，这样才能产生冰雹。

农谚 云生胡子雨，云长头发雹

远处有雨时，往往能望见那里的云和地面之间有下雨的阴影，好像从天空挂落的竹帘或布幕，也像云块长出的“胡子”，这叫雨幕，又叫雨幡（幡，飘着的长条纸带）。有雨幡的云多半是常下大雨的雨层云，所以看见了“胡子”或“雨幡”就是看到了雨。

“云长头发”，就是积雨云云顶。春末夏初的积雨云，有时会落冰雹。

农谚 西北上来榔头云，冰雹来了不认人

夏日的午后，如果西北方的天空出现翻滚的黑云，并且迅速地向天空扩散，是下冰雹的预兆。

农谚 疙瘩云，雹临门

当天空中出现疙瘩云时，是要下冰雹的预兆。

农谚 拉磨雷，雹一堆

“拉磨雷”是指雷声沉闷、连绵不断的一种雷。雷声拖长的原因主要是声波在云内的多次反射以及远近高低不同的多次闪电所产生的效果。这是因为冰雹云中横闪比竖闪频数高、范围广，闪电的各部分发出的雷声和回声，混杂在一起，听起来有连续不断感觉。一般雹云的闪电大多是横闪，有这种雷声出现一般预示着会下冰雹。

农谚 雷声长，雹子扬

此句农谚，和上句意思相同。如果雷声长，连绵不断，是要下冰雹的预兆。

农谚 风响雷鸣雹子降

此句农谚，和上句意思相同。如果风大风急、雷声轰鸣，是要下冰雹的预兆。

农谚 雨下一大片，雹打一条线

冰雹只能产生于积雨云中上升气流最强的地方。而上升气流最强的地方在积雨云中不过两三千米的宽度，这样下冰雹的地方也就只有两三千米的宽度，而积雨云移动的长度却可以达到几千米以上，这样冰雹就下在两三千米宽、几千米长的一条狭长地带内，形成了“雹打一条线”。

农谚 冰雹走老路，此地宜种薯

冰雹是有一定“路线”的，即每次下冰雹都有“常规”路线，称为“雹线”。在雹线中，由于经常遭冰雹危害，宜种植薯类作物（马铃薯、红薯），因其块茎生长在地下，可减轻冰雹为害。

农谚 春冻秋霜，雹打精光

春、秋的夜间温度如果突然降低，地表温度骤然下降到0℃以下，植物植株内细胞会脱水结冰，遭受霜冻危害。而冰雹由于其降落到地面的冲击作用，会对植物造成物理性伤害。两种情况都会使农作物产量大大降低甚至没有收成。春天的晚霜，秋天的早霜，夏秋的冰雹，是农业生产的三大自然灾害。

第八节 闪 电

农谚 南闪天门开，北闪有雨来
东闪日头西闪雨
电闪西南，明日晴天；电闪西北，下雨不到黑
电闪西南，明日炎炎；电闪西北，雨下涟涟

以上几句农谚，是根据天空中闪电的方向来判断天气阴晴的。如果闪电出现在天空的南方、西南方、东方，预示着天空晴朗；而闪电出现在北方、西北方、西方，预示着天要下雨。

农谚 闪电无雷声，雷雨不来临
电闪雷鸣，无风雨晴

这两句农谚意思相近。第一句是说，只见闪电而听不到雷声，说明云层离此还很远，雷雨不会来临。第二句是说，即使有时电闪雷鸣，也不一定会降雨。

农谚 天空打闪，风雨不远
先看闪，后听雷，大雨后边随
电急闪，雷猛轰，大雨往下冲

以上三句农谚意思相同。闪电打雷是积雨云发展到旺盛时期产生的一种现象，而积雨云中闪电、打雷、下雨三者之间发生时间基本上相差不远。“电急闪”说明积雨云云梯中心部分已经移来，积雨云云梯中心部分是积雨云降水的主要区域，所以马上就会有雨到来。

农谚 暗闪不雨，明闪易雨

“暗闪”，闪电的光线不亮。“明闪”，闪电的光线很亮。当暗闪出现时，天空不会降雨；当明闪出现时，天空容易下雨。

第九节　雪

农谚 瑞雪兆丰年

因为冬天下了一场大雪，田地上就像盖上了一床大棉被一样，地里热量不易散发，从而保护越冬作物不会冻坏。另外，雪水融化渗透到泥土里，越冬虫卵大部分就会被冻死，使下一年的害虫相对减少，有利于农作物生长。而且雪中含有很多氮化物，1 L 雪中所含的氮化物能达 7.5 mg，在融雪时，这些氮化物被融雪水带到土壤中，会成为很好的肥料。

农谚 一寸冬雪一寸金

“冬雪”可以给过冬作物保温，还可以冻死害虫。对农民来说，冬雪非常的可贵。此谚语形容冬雪珍贵。

农谚 冬雪是被，春雪是灰
冬雪是宝，春雪是草
冬雪如被，春雪如刀

“冬雪”又称瑞雪，降下来的冬雪是蓬松的，可以保持田地里的热量，保护农作物不被冻坏，就像给作物盖了一层棉被一样。春天是植物生长的季节，若突降大雪使气温迅速下降，则造成了植物的冻死或冻伤而影响产量。

农谚 雪下高山，霜打洼地

空气温度的垂直分布情况一般是高度越高，气温越低；相反高度越低，气温越高。由于这个原因，当地面气温还在0℃以上时，高山上温度已经在0℃或0℃以下了。云内温度更低，云内水汽凝结成雪花开始降低，落在高山上仍然保持雪花的状态。如果此时近地面空气温度在0℃以上，雪花在降落过程中会逐渐溶化，到地面时早已成为雨点而不是雪。在春、秋天，如果高山很高也可能下雪，这就是“雪下高山”。霜是近地层空气中水汽直接凝华而成的，空气越冷，密度越大，比重越重。而空气是一个流体，冷空气往低处流，这样最冷、最重的空气就会往最低处流动。一旦到达最低处，它就停留在那里，也就在洼地停留积聚，而且越冷的空气，越是在底层，因此，洼地也就较一般的地方容易形成霜。“霜打洼地”就是这个意思。

农谚 雪一不冷雪二冷
落雪不冷化雪冷

当雪最初落到地面，温度还未降到0℃时，雪尚未融化，由于雪的比热不大，雪的温度的升高，使地面和近地温度的下降不多，所以，在近地附近并不感到太冷。但是，当雪的温度降到0℃时，雪开始融化后，就会因雪的融化热比它的比热大得多，而会使地面和近地温度下降得大得多，所以，在近地附近的温度就会下降得大得多，人们就会感到更冷。

农谚 落雪见晴
雪落有晴天

当树上、屋顶的积雪开始融化掉落的时候，未来几天都会是晴天。

农谚 雪后寒，晴得长

下雪后，当天气晴朗的时候积雪开始融化，气温会下降很多，使人觉得寒冷。“雪后寒”正是天气晴朗的表现。

农谚 冬冷多晴，冬暖多雪

冬季11、12月份的平均气温均高于0.6℃，该年则定义为暖冬。冬季为正常冷冬季节，多是晴天；若是暖冬，多伴有春季雪多，甚至出现雪灾的情况。

农谚 东风紧，雪来临

冬季，彤云密布。这时如果刮东风，就快要下雪了。

第十节 风

农谚 乌头风，白头雨

夏天浓积云的顶部仍为水滴所组成的黑色云体，而积雨云的顶部是白色的冰晶结构。浓积云一般不会下雨，但当云体经过时，有时刮大风；而积雨云一般都有雷雨。所以，看到“乌头云”移来，将有一阵大风；而“白头云”移来时，就将下雨。

农谚 春南夏北，有风必雨

这是说在春季或秋、冬季节里，我国大部分地区为冷空气控制，如果吹南风，表示有暖空气过来，冷暖空气相遇，形成锋面，产生云和雨。而在夏季，我国大部分地区为暖空气控制，如果吹北风，表示有冷空气流过来，和暖空气相交，形成锋面，产生云和雨。所以，春、秋、冬季节吹南风，夏季吹北风，预示天气将转阴雨。但这种情况在南方较少发生。

农谚 西风刹雨脚，泥头晒不白

当一次下雨过程停止时，吹的是西北风，这表示由于冷空气的作用，使天气转晴。但这时的冷空气已经力弱势衰了，虽然它竭力把暖空气推走，使天气转晴了。但好景不长，暖空气马上又推了回来，和新的冷空气相遇，又形成阴雨天气。所以说“西风刹雨脚，泥头晒不白”，表示天晴的时间很短，连泥地的表面也来不及晒干。

农谚 西北风，开天锁

冬季或早春时期，冷空气势力较强，当本地区转为西北风时，表示本地已为冷空气控制，暖空气已经南退，天气将转晴朗，所以把西北风看作可以像打开“天锁”一样地把阴沉的天空打开。在冬春季的雨雪天气中，当风向转为西北风时，就可预报天气将要转晴。

农谚 南风吹到底，北风来还礼

冬季或初春，如果连续吹南风，天气回暖，会出现晴朗天气。但这个时期冷空气势力强盛，只是暂时退却，新的冷空气很快会南下，同南风相遇形成锋面，天气转为阴雨。所以，冬季和初春连吹南风，北风必然来“还礼”。

农谚 旱刮东风不下雨，涝刮东风不开晴

北方的夏季，如果天气干旱时刮东风，天气不会下雨；如果天气涝时刮东风，天气会继续下雨。

农谚 春东风，雨祖宗；夏东风，干松松

春天吹东风，是下雨天气的前兆，因为春天地面强有力的增暖，并且逐渐活跃，大陆上气压逐渐降低，反气旋东移入海。在反气旋的尾部就会出现东风。这些东风到了比较暖的陆地上，就造成了下暖上冷的现象。这时空气层是不稳定的，易发生上升对流运动，所以就会反复产生降水。春东风来自太平洋，温高湿

大，春季低温冷暖交锋易形成雨。夏季东风登陆后，大陆无冷空气接触，缺乏凝云致雨条件，故“干松松”。

农谚 九月南风两天半，十月南风当天转
九月东风一天半，十月东风等不暗

第一句是说南风的。九月不冷，南来暖湿风和当地冷空气接触，不会立即致雨，过几天才会变天；若在十月，北方冷空气强，与南来暖风接触，当天即变。第二句是说东风的，与第一句意思相同。“等不暗”，等不到天黑（即下雨）。

农谚 久旱西风更不雨，久雨东风更不晴
旱刮东风不下雨，涝刮东风不晴天

第一句说春、夏季。天气干旱时若刮西风，将持续降雨。第二句是说春、夏季天气干旱时刮东风，持续干旱；雨涝时刮东风，将持续降雨。

农谚 早西夜东风，日日好天空

这是夏季海风与陆风交替现象，出现在高气压区域，无云，且日热温高。

农谚 夏至西南没小桥，小暑西南一日了

夏至时分，西南风与北方冷空气接触，形成梅雨，涨水没桥；小暑时分刮西南风，此时北方冷空气已退，只会是雷阵雨。

农谚 东北风，降雨雪；西南风，看日月

在我国北方冬季，东北风更冷，因为气流来自热量较低的较高纬度，所以气流温度比所到地区低，可能出现降雪天气；西南风则来自热量充足的较低纬度，气流的温度比所到地区高，所以出现晴朗天气（看日月）。

农谚 东风多湿西风干，南风吹暖北风寒

天气兴云致雨首先要有水汽。水汽是靠风来输送的，东风送湿西风干，南风送暖北风寒，说的是风对天气变化的明显预兆。这句农谚的意思就是：东风来了有雨，西风来了天气干燥，南风带来了温暖，北风带来了寒冷。

农谚 春刮东南夏刮北，秋刮西南不到黑

这句农谚的意思是春季里刮东南风，夏季里刮北风，是下雨的兆头；秋天若刮起东南风，等不到天黑就会下雨了。

农谚 春东夏西，骑马送蓑衣

春东夏西秋北雨

春南夏北，不风必雨

春起东风有雨下

夏日北风生雨

这几句农谚，是说风向和降雨的关系。春天刮东风或南风，夏天刮西风或北风，秋天刮北风，都是下雨的预兆。

农谚 春风春雨贵似金

春风不吹地不开，秋风不吹籽不来

这两句农谚是说风的意义和作用。第一句是说春风和春雨像金子一样贵重，因为春风带来了温暖，一年的农业生产又要开始了。第二句的前半句和第一句意同，后半句说的是秋风，秋风一刮，农作物的籽实就快成熟了，丰收的季节又来到了。

农谚 行得春风有夏雨

不刮春风，难行秋雨

春天多风，秋天多雨

春风对秋雨

这几句农谚，说的是春风和秋雨的关系。北方的农村，一直流传着一场春风对一场秋雨的说法。他们认为，春天的风越多越大，秋天的雨也越多越大。

农谚 春旱天边黄，一定有大风

春天里，如果干旱且天边发黄，是刮大风的预兆。

农谚 伏里东风不下雨

一年四季东风雨，夏季东风水断流

这两句农谚，意思是说，刮东风是下雨的预兆，但夏天、伏天刮东风却不会下雨。

农谚 秋前北风秋后雨，秋后北风干到底

如果秋前刮北风，秋后会下雨；如果秋后刮北风，会出现干旱天气。

农谚 七月秋风雨，八月秋风凉

这句谚语，是对农历七八月份气候的描述。在北方，农历七月，起风、下秋雨，但丝毫没有凉意。而到了农历八月，天气才逐渐转凉。

农谚 寒潮过后天转晴，一朝西风有霜成

指晚秋季节，寒潮后如果天气转晴，又刮起西风，是下霜的预兆。

农谚 九天里的风，伏天里的雨

这句农谚是说，冬季九天里的风多，第二年夏季伏天里的雨就多。

农谚 旱年冬天爱刮风

干旱年份的冬季刮风的天气多。

农谚 冬东风，雪花白蓬蓬
四季东风下，只怕东风刮不大
东风不雨，雨就难晴
三天东南风，不必问天公

这几句农谚，是对东风和降雨、降雪关系的论述。一般地说，不论春夏秋冬，东风都是下雨、下雪的预兆。

农谚 南风过了晌，吹得哗哗响

这句农谚，主要针对的是春天和冬天。春天或冬天里，如果上午刮起南风，到了中午未停，那么下午南风刮得会更大。

农谚 日落北风刹
强风不过日落
点灯风不刹，明天还要刮
天晚起风天明住，天明不住刮倒树
关门风，开门住，开门不住过晌午
半夜有风，刮到天明

这几句农谚和上句有异曲同工之处，意思是说，冬天里，白天刮的北风比较大，但到了落日时，北风就会停下了。如果风不停，第二天还会继续刮风。如果夜间刮风，天亮时会停风；天亮不停，会越刮越大。“刹”，停止。

农谚 月月南风月月下，只怕南风起不大
西南风连刮三天，不是阴天就是雨天
南风若过三，不是下雨就是阴天
南风猛过头，坑沟无水流
早南风，晚北风，明早有霜冻
一天南风三天暖，一天北风三天寒
南风多雾气，北风多严霜

以上几句农谚，主要是论述南风、西南风和降雨的关系的。一般来说，南风、西南风是天暖、降雨、下雾的预兆，北方则是寒冷、霜冻的预兆。

农谚 日西风，夜东风，天天好天空

西北风是开天的钥匙

常刮西北风，近日好天晴

傍晚西北风，明日必天晴

久晴西风雨，久雨西风晴

早西夜东风，日日好天空

日落西风住，不住刮倒树

西风不过酉，过酉连夜吼

西风着夜静

西北风，雹子精

西南转西北，定是大风起

以上几句农谚，是论述西风和天气关系的。一般来说，西风、西北风是晴天的预兆，如第一至第六句。第七句是说冬春刮西风天气，一般到日落时则停了，如果不停，夜里会刮得更大。第八句和第七句意思相同（酉，指下午 5—7 点）。第九句是指冬季白天刮西风，日落时候风停，那么夜间一定是很静的。第十句是说，夏、秋季节，如果天空中出现雹云，又刮起西北风，是下冰雹的预兆。第十一句是说，当西南风转为西北风时，是刮大风的预兆。

农谚 早看天边黄，一定有大风

天空混浊有大风

天空黄澄澄，必定刮大风

早天西山黄，午后尘土扬

麦黄要熟，天黄有风

四周不亮，必有风浪

以上几句农谚，是根据天气来预测有风无风天气的。一般来说，天空混浊、天色发黄，是要刮大风的预兆。

农谚 北风三天必有雨

无风三天必下雨

此两句农谚，均指夏季。北方的夏天，如果连续刮三天北风，是下雨的预兆；如果三天不刮风，也是下雨的预兆。

农谚 百里不同风，隔道不下雨

此句农谚是说，百里之内风向是不同的，正如“隔道不下雨”一样。关于“隔道不下雨”，请参看本书第十章第五节“雨”中“道东下雨道西晴”一句。

农谚 热极生风

热生风，冷下雨

风静又闷热，雷雨必强烈

北方的夏季，如果出现连续的高温天气，就会刮风了；而气温下降、天气变冷，是要下雨的预兆。

农谚 风三风三，一刮三天

冬季里北方的大风天气，会持续几天的。这是因为，西伯利亚一带的寒流一旦侵入我国北方，就会持续几天。

农谚 东刮西刮，有雨不过夜

风是雨的脚，风上雨就落

风头一转向，雨天变晴天

未雨先有风，雨来定不凶

风倒八遍，不用掐算

风倒八遍，天气要变

以上几句农谚，指出了夏秋两季风和雨的关系。一般地说，北方的夏秋季节，如果出现多风天气，是要下雨的预兆。

农谚 旱风树梢响，雨风地皮狂

这句农谚是说，旱风（不下雨的风）只能吹得树梢摇摆，雨风（要下雨的风）会刮得地面尘土飞扬。

农谚 山谷响嗡嗡，明天刮大风

在山区，山谷里有嗡嗡响的回音，预示着第二天会刮大风。

农谚 有山避风，靠河冷

在山区，由于有山，所以很少有大风天气。这是因为山把强风挡住了，有了缓冲力；而河谷由于空气流通畅通，所以风大，致使温度下降，显得冷。

农谚 风刮一大片，雹打一条线

风，涉及的面积大，往往是几十平方千米甚至更多。冰雹是在积雨云中产生的，产生冰雹必须有足够的上升气流将水滴送到很高的高度（积雨云中雹区），在那里凝结成雹心，而后几经升降逐渐增大。只有上升气才能产生冰雹。长期以来，人们观测发现下雹地区的宽度不大，而长度却很长，下雹地区就像带子一样。因此，人们常说“雹打一条线”。

农谚 大风夜无露

秋天里，如果夜里风大，第二天早晨不会出现露。

第十一节　霜

霜是近地面空气中的水汽在地面或地物上直接凝聚而成的冰晶。形成霜时，近地面的空气温度必须降到0℃以下。成霜过程是空气中的水汽直接凝聚成晶体的过程。由于降温方式的不同，霜的形成过程也不同，一般分为辐射霜、平流霜、辐射平流霜。

辐射霜是由地面或地物因夜间辐射冷却而使近地面空气达到过饱和，并使地面或地物的温度降到0℃以下生成的。平流霜是由冷空气入侵而致使近地面空气降温生成的。辐射平流霜是由更冷的空气流涌入，并使夜间近地面空气进一步降温所生成的。

农谚 霜后暖，雪后寒

霜后和雪后的天气都是出于冷高压控制的，天气晴好，白天温度提高较快。但是雪量远比霜的量要大，往往几天都化不完，而且雪可以把大量的阳光反射回大气。地表和雪面所吸收的热量也很少，加上雪在融化的过程中吸收空气中的热量，使气温降低，天气变冷。

农谚 严霜出毒日
霜重见晴天
严霜出烈日，近日好天气
霜打红日晒
霜露多，则天晴
一日春霜十日晴
天晴风小定有霜

以上几句农谚是说，辐射霜一般说明本地处于高压区，夜间天清月朗，万里无云，霜是由于强烈辐射冷却形成的。平流霜、辐射平流霜也都说明本地将要收到或已经受到北方来的强冷高压控制，只要锋面一过，本地即受高压控制，天气将是晴好。而且霜越重，说明有效辐射越强，天气情况就越好。

农谚 霜后南风连夜雨
霜下东风一日晴

霜一般是寒潮冷锋南下扫过本地以后产生的现象（辐射霜例外，但也是在冷高压控制下），一般都会吹西北风，冷锋移过后，高压区的风速也逐渐减小，一般不会吹南风或东风。如果在霜后出现南风或者东风，说明暖空气势力向北加强，会造成暖锋前部吹东南风的形式。而后随着暖锋到来，高压就会逐渐移出本地，低压随着就会移入。锋区内和低压控制下的天气多为阴雨天气。

农谚 春霜不露白，露白要下雨

如果春天夜里万里晴空，早晨起来霜像雪一样白，那就要下雨了。

农谚 春霜不隔宿

春天比较暖和，一般气温在 10℃ 以上。如果此时寒潮来临，气温下降，晚间地面温度降至零度以下，形成霜冻，这就预示着天气要变了。春天的气温有一个正常值，低于这个正常值，暖湿空气就会来“修正”，暖湿空气涌入以后，空气对流加强，很快就会下雨了。

农谚 一场寒风一场霜
北风三天定有霜
霜见霜，一百三十天

霜降是秋季的最后一个节气，是秋季到冬季的过渡节气。秋天的晚上地面上散热很多，温度骤然下降到 0℃ 以下，在地表水汽含量丰富、天气晴朗无风的情况下，会形成霜确。从初霜到终霜，称“无霜期”，北方地区多为 130 天。

农谚 霜降见霜，米谷满仓

霜的消失有两种方式：一是升华为水汽；二是融化成水。最常见的是日出以后因温度升高而融化消失。霜所融化的水，对农作物有一定好处，可以增加土壤湿度，并且由于植物中含水量较高，为了抵御水分冰冻造成茎叶结构损害，在初霜来临时就会将体内所含其他（如淀粉）物质转化为糖分。所以，农作物经打霜后，往往会丰收。

农谚 不怕前三，就怕后四

北方地区，立夏前后有一场霜冻，即晚霜。因为正值杏树开花，俗称“杏花冻”。这场晚霜结束得越早越对农作物的出苗有利，因此就有了“不怕前三，就怕后四”之说。

农谚 八月里，秋风凉，三场白露两场霜

农历八月，北方地区已进入秋季，风凉了，会经常下露下霜。

农谚 处暑前三后四有霜

指大兴安岭丘陵地区，这里无霜期短，晚霜结束的晚，而早霜来得又早，处暑前后就出现早霜了。

农谚 白露前三后四有霜

同样，内蒙古呼伦贝尔市、锡林郭勒盟、兴安盟的一些地区和黑龙江省的一些地方，白露前后就出现早霜了。

第十二节 雾

雾是水汽凝结物。大气中水汽达到饱和的原因一般有两个：一种是由于蒸发增加了大气中的水汽；另一种是由于空气自身的冷却。当空气中有凝结核时，饱和空气中如果继续有水汽增加或者继续冷却，就会形成凝结，当凝结的水滴使能见度降低到 1 km 以内，就形成了雾。

根据空气达到饱和的具体条件不同，通常把雾分成辐射雾、平流雾、蒸汽雾和锋面雾。

农谚 早晨大雾一天晴
十雾九晴天
一雾十日晴
迷雾出毒日
早上雾露串，中午晒得欢
早晨雾，晒死兔
早上雾露，晌午晒破葫芦
早晨满天雾，尽管洗衣服
清晨浓雾，一日天晴
雾兆晴天
雾里日头，晒破石头
重雾见晴天，雪多兆丰年
十雾九晴，不晴沟满渠平
早晨满天雾，尽管下田把地锄

以上多句农谚，说的都是如果早晨出现大雾，一定是晴天。这是因为，在晴朗、微风、近地面、水汽充分的夜间或早晨，天空没有云遮挡，地面热量迅速向外辐射，近地表的空气温度迅速下降，空气中的水汽就会很快达到饱和而凝结形成雾，也就是辐射雾。形成辐射雾所需的条件是地层空气中有充分的水汽、强烈的辐射作用和微风，符合这三个条件的地区一般是在冷高压控制下或是雨后受弱高压控制天气突然转晴，而这两种天气状态大都是晴好天气。当太阳升起，地面温度上升，空气的水汽回复到不饱和状态，雾滴也就立即蒸发消散。因此，早上出现雾常常预示着当天是个好天气。

农谚 久晴大雾必阴，久雨大雾必晴

久旱大雾是雨信，连阴大雾是好天

久晴的地方，由于水汽都在白天蒸发，水汽不断散失，空气比较干燥，不容易生成雾。如果出现了雾，说明天气将发生变化，生成了充沛的水汽，才会形成了雾，而新的天气系统影响天气转阴或者有降水。

久雨的地方虽然本身水汽充沛，但由于天空中有一层厚厚的云层，像被子一样阻碍了地面的散热作用，冷空气不足，冷却作用不充分，很难形成雾。当久雨的地方突然生成大雾，说明上层厚厚的云层已经消散，冷却作用加强，这时候出现大雾说明天气将要转好。

农谚 云吃雾下雨，雾吃云天晴

雾后来云天下雨，云后来雾天放晴

“云吃雾”是指雾消云生，表明天空中云层加厚，地表空气散热不良，空气中的水汽渐渐不再过饱和，雾也慢慢消散，预示着将要有阴雨天气。

“雾吃云”是指云散生雾，表明厚厚的云层消散，由于空气中水汽充沛，地表冷却，形成大雾，说明之后的天气将要转好。

农谚 日发雾，落到天明水铺路

白天生成雾，说明空气湿度很大，云层较厚，地面接收不到太阳的辐射能量，地表温度较低，预示着阴雨天气。

农谚 春雾当日晴

莳里迷雾，雨在半路

在不同的季节形成雾的原因各不相同。春天白天气温不是很高，而且夜间的时间比较长，这样到了晚上如果天气晴朗无云，地面的热量很快通过辐射散热，使地温急剧下降。这时如果近地表层的空气湿度比较大，在冷却作用下很快就能达到饱和，凝结出水珠形成辐射雾，白天太阳升起以后地面温度急剧上升，雾也

就消散了。而夏季对于我国北方来说是昼长夜短，白天太阳对地面照射强烈，地表温度急剧上升，积攒了很多热量，到了晚上即使是晴朗无云，地表热量也不容易散光，往往在尚未冷却到雾点的时候第二天就又开始了。只有在空气非常潮湿的情况下，而且空中又被一层厚厚的云层覆盖，太阳光照射不到地表面，地表不再接收热量而慢慢冷却，最后生成雾。这种状况多预兆天气即将转坏。莳是移植、栽种的意思，在这里表示夏季。

农谚 早雾不出门，晚雾行千里
晨雾即收，晴天可求；雾收不起，细雨不止
晨雾晴，晚雾阴
迷雾不开就是雨
雾露不收就是雨
晨雾不过晌，过晌听雨响

这些谚语看起来是有矛盾的，其实是“早晚”的含义不同。“早雾不出门”中的“早雾”指的是白天生成的雾，预示着阴雨天气；“晚雾行千里”中的“晚雾”指的是晚上或者凌晨生成的雾，预示着晴天。而清晨看到雾可能预示着一个晴天；“晚雾”是指雾一直延迟到晚上还不收，说明雾持续的时间长，如果雾一直不散，可能会是阴雨天气。

农谚 三日雾蒙，必有狂风
三日浓雾有狂风

这两句农谚是说，如果连续三天出现浓雾天气，是要刮狂风的预兆。

农谚 山雾雨，河雾晴
雾露在山腰，有雨在今朝

山上有雾，也就是高处有雾，高处的雾是上升气流。河面有雾，一方面说明当前天气情况是无风；另一方面说明水面气温低于较高的空中，即所谓“逆温”。逆温时的天气条件一般很稳定，没有上下的对流，不能形成降雨，所以是晴天。

农谚 春雾雨热，夏雾热雨，秋雾凉风冬雾雪

在夏秋时节，每当夜晚万里无云风力微小，地面能大量散热时，近地面空气中的水蒸气，在清晨就可充分变冷而凝结成雾。所以，这种雾多半是好天气的情况下形成的。等到太阳出来后温度升高，雾就自然消散了。但在冬春季节的雾，却是往往来自海面上的暖湿空气流到了冷的地面，其下层因受冷地面的影响逐渐变冷，水汽凝结而形成浓雾。这种大雾范围较广，不易消散。所以，冬雾和春雾一出现，就标志着有暖湿空气自海上侵入大陆，并将与大陆上的干冷空气相遇交

锋，形成了雨雪。

农谚 春雾日头夏雾雨

春雾降风冬雾雪，秋雾狂风夏雾雨

夏雾雨，秋雾风，冬天下雾雪紧跟

春雾霜，夏雾雷，秋雾雨，冬雾风

这是几句根据各个季节出现下雾天气判断天气变化的谚语。一般地说，春天下雾预示着晴天；夏天下雾预示着会出现雷雨天气；秋天下雾多数会出现刮风天气；冬季下雾可能会出现降雪天气。

农谚 连起三场雾，小雨下不住

接连几天都是大雾，说明空气湿度大，预示着下雨天气。

农谚 三朝大雾刮西风

春晨三场雾，必有一场风

春季，如果连续3天早晨降雾，是要刮大风的预兆。

农谚 大雾不过三，过三好几天

夏季，如果出现大雾天气，是3天之内下雨的预兆；如果3天之内不下雨，那么近期不会出现降雨天气。

农谚 雾下山，地不干

“雾下山”是云层高度逐渐降低的一种现象，当云底高度降低到即将贴近地面的高度也就形成了雾。这种现象只有在空气非常潮湿时才可能出现。对于暖锋云系，云层高度变低说明本地越来越接近锋面，天气将转坏，会有降雨发生。

农谚 头顶雾，雨如注

雾低有风，雾高有雨

低而浓的雾，一般会在上午上升为层云，并且随气温升高蒸发消散，出现晴空少云的天气。这种情况一般伴有风。夏至到白露前后，气温较高，有时早晨出现一种不与平地相接，遮盖山顶的雾称为高雾。如果这种雾布满全天，呈灰色，说明空中水汽较多。这种情况一般风力较弱，午后气温较高，有利于热力对流发展，午后或傍晚会有阵雨。若副热带高压突然西伸或东退，南压或北抬，早晨气压日变量较大，午后往往有雷阵雨。

农谚 干雾阴，湿雾晴

单纯的低而湿的雾伴有毛毛雨，以后会有一段高压脊稳定控制的时期。

农谚 腊月下雾，糜子长成树

腊月下雾，明年年景好。“糜子”，这里泛指庄稼；“长成树”，长势良好，丰收的长相。

农谚 山根灰雾三天风

这句农谚是说，山下出现灰蒙蒙的雾，预示着3天之内会出现刮风天气。

第十三节 霞

当清晨太阳还没有升出地平线，傍晚太阳已经西沉下去的时候天空并不是黑暗的，反而十分明亮。我们把太阳还未露出地平线到日出为止这段时间的光亮叫作曙光，傍晚的光叫作暮光。而朝霞和晚霞是曙光和暮光期间最引人瞩目的光象，就是指在曙暮这段时间天空中出现的五彩缤纷的色彩。早晨的叫作朝霞，傍晚的叫作晚霞。

农谚 早霞不出门，晚霞行千里

太阳的白色光实际上是由红、橙、黄、绿、蓝、靛、紫等一系列的有色光波组成的。这些光的波长不同，红色光波最长，橙色光波其次，紫色光波最短。空气的分子和其中飘浮着无数细小的灰尘和水滴，它们都能够把太阳的各色光线分散开来，即散射作用。

太阳光中的光波波长越短的，像紫色、蓝色光就很容易被散射；波长越长，如红色、橙色光就不容易散射。早晨或傍晚，太阳光是斜射的，它通过空气层的路程比较长，受到散射减弱得很厉害。减弱最多的是紫色光，其次是青、蓝色光等，减弱最少的是红色或橙色光。这些减弱后的彩色阳光，照射在天空和云层上，就形成鲜艳夺目的彩霞。

在大气中有微小水滴及尘埃时，散射作用比单纯的只有空气分子时要更厉害些。因此，太阳在地平线时，如阳光所透过的远处低层大气中，有小水滴（云滴）及尘埃存在，晚霞的颜色比没有小水滴及尘埃时更红。夏季早上，低空空气稳定，尘埃很少，若当时有鲜艳的红霞，称为早霞。这表示东方低空含有许多水滴，有云层存在。随着太阳升高，热力对流逐渐向平地发展，云层也会渐密，坏天气将逐渐逼近，本地天气将愈来愈变坏，这就是“早霞不出门”的原因。而傍晚，由于一天的阳光加热，温度较高，低空大气中水分一般不会很多，但尘埃因对流变弱可能大量集中到低层。因此，若出现鲜艳的晚霞，说明晚霞主要是由尘埃等干粒子对阳光散射所致，说明西方的天气比较干燥。按照气流由西向东移动的规律，未来本地的天气不会转坏，故有“晚霞行千里”的说法。

农谚 日没胭脂红，无雨也有风

当太阳已落入地平线以下，地平线上霞光应当消失的时候，因地平线下有云层存在，地平线下的霞光受云层底部的反射，却能呈现出一片胭脂红色。空气中杂质愈多时，太阳的颜色愈接近于胭脂红。这表明西方地平线下有云层存在，空气十分潮湿浑浊，预兆天气将变坏。

农谚 早霞红丢丢，晌午雨溜溜
晚霞红丢丢，早晨大日头
早霞雨淋淋，晚霞晒得欢
早起红霞雨淋淋，傍晚红霞火烧天
早见西天红，有雨不到午
早晨火烧云，午前天必阴
早晨云烧，下午雨浇
日出火烧云，不阴便有雨
日出天色紫，下雨不会止
早霞雨，晚霞晴

朝霞、晚霞在这里主要指反射霞。早晨当太阳照射在西边的云彩时，经过云彩的散射，使云彩呈深红色，这就是朝霞。朝霞的出现说明西边天空已经有云存在，而早上起云主要是由于天气系统性原因形成的。未来随着天气系统东移，本地将逐渐受其影响，天气将转阴雨。

晚霞是夕阳斜照在东边天空上的云彩，使云彩呈深红色。在这种情况下，一般西部天空没有云彩，太阳才能直接照射在东边天空，而东边天空上的云彩只会随着时间离本地越来越远，不会影响本地，而西边晴朗的天空也会随着时间逐渐移过来，天气晴好。

农谚 早上见霞，下午沤麻

这句农谚与上面几句意思相近，意思是说，早晨出现朝霞，下午可能下雨。“沤麻”是利用细菌作用使麻的木质组织软化以便打出纤维而将亚麻茎或黄麻置于水中的浸渍。将麻茎或已剥下的麻皮浸泡在水中，使之自然发酵，达到部分脱胶的目的。在这里指下雨，贮水量变大，可以进行沤麻。

农谚 早霞不过三，不雨也阴天
早霞浮云走，晌午晒死狗
早霞天阴晚霞晴，黑夜烧霞等天明
早霞阴雨晚霞云，霞被云蚀雨淋淋
朝霞暮霞，无水煮茶

根据徐光启《农政全书》，这里的朝霞、暮霞主要是指久晴情况下出现的霞。这种霞与有云情况下形成的云霞不一样，它是由于天气久晴空气中水汽含量较少，而尘埃、微粒较多。这些尘埃、微粒吸收阳光中波长较短的色光如蓝、靛、紫、绿等，这些色光因改变反射方向，不易为人们所看到。红光因其波长较长，不易被尘埃、微粒吸收而被其散射，这样被散射的红光便映红部分天空或大部分天空。

农谚 早霞夜有雨，晚霞犯日晴

一般地说，在夏、秋季节，出现早霞预示着会下雨；出现晚霞预示着会晴天。

农谚 日落红云罩，明天晒得焦
今晚火烧云，明天晒破盆

“日落红云罩”，即晚霞。“晒得焦”，晴天的意思。这句与上句“晚霞犯日晴”意思相同。而晚上出现“火烧云”，同样是晴天的预兆。

农谚 红云边生，莫要远行
红云日边生，必有大雨淋
红云变黑云，必有大雨淋

以上是关于霞（“红云”）的农谚，意思是说，天边出现红霞或红霞变成黑云，是下雨的预兆。

农谚 烧云烧到天顶，雨下满井
云彩吃了火，下雨下得没处躲
火烧乌云盖，大雨要下来
火烧云，暴雨临

这几句农谚，是说天顶出现火烧云、黑云头上出现火烧云，都是下雨的预兆。

农谚 日落满山红，明天有霜冻

北方的晚秋，如果出现晚霞，明早会出现霜冻。

第十四节　露

农谚　早凉露水大

晴朗的夜晚，地面开始辐射散热，地面温度迅速降低，近地层空气在冷地表的作用下也迅速降低温度，如果近地层空气中水汽相当充沛，冷却使原来将近饱和的空气达到饱和，随着温度继续降低，空气呈过饱和状态，一旦碰到物体表面或地表面就立即凝结成水珠形成露。露的生成条件，一个是充沛的水汽，另一个就是冷却作用，所以较冷的空气才会有形成露水的可能。

农谚　露水重，天气晴
露水起晴天，阴天不见雾

露水一般出现在晴朗无云的夜晚，大气层稳定，无风或微风，夜间地表才能产生强烈的辐射散热成为冷源进而影响低层空气，使水汽冷却凝结成水珠，产生露水。这样的天气一般是本地要处在高压控制之下，在高压区内盛行下沉气流，不利于云的生成，是晴朗的天气。所以说早晨或夜间有露水的情况，说明本地处于高压区。高压区天气一般都是晴好天气。

阴天的时候空中铺着厚厚的云层，夜晚地面开始辐射散热。由于云层的存在，辐射的热量被云层挡住不易散失，同时云层把地面辐射的热量又反射回地面，增加了地表温度，地表空气不能达到有效冷却，水汽也无法被凝结成小水滴而进一步形成雾，所以在阴天没有雾。

农谚　旱天无露水

形成露水需要有三个条件：晴朗无云的夜晚，能产生强烈辐射散热和无风或微风，以及充足的水汽。旱天由于地表水分在白天蒸发散失，又得不到雨水的补偿，因此，空气中的水汽不足以形成露水。

农谚　草间无露天有雨
风大夜无露，阴天夜无露

在有风的夜晚，风可以把刚刚被冷却而还未来得及凝结成水汽的空气立即送到别处，阻碍水汽的集中。所以，夜晚有风，空气不容易被冷却产生露水。

“阴天夜无露”的道理同本节农谚“阴天不现雾”。

第十五节　虹

“虹”是天空中出现的圆弧形彩色光带，像拱桥一样。当天空中出现虹的时候，说明空气中有大量雨滴存在。日光通过大气中雨幕或雾幕中的水滴时，经折射和反射形成的彩色或白色光环。“彩色虹”，又称主虹，它的颜色自内向外依次为紫、蓝、青、绿、黄、橙、红。主虹外侧有时出现色序相反的副虹，称为“霓”。人背对太阳，站在同太阳射线呈42°夹角的地方，若天空中充满水滴，就可以看到七彩缤纷的彩虹。

农谚　朝虹出现在西方，暮虹出现在东方

虹高日头低，早晚披蓑衣

虹高日头低，大水没过膝

在含有大量雨滴的空气或云中，当太阳视角度很低时，照射角度却比较高时，虹也比较高，有时可以出现在天顶附近，这样就成了虹高日头低的现象。出现这种现象，一方面说明空气中有对流比较旺盛的云彩，如积雨云，它可以伸展到很高的位置，当阳光照射到云上时也可能出现虹；另一方面也说明在高空空气中雨滴较大，含量较多，因此在较高的位置才能出现虹。两种情况都说明本地区处在不稳定的天气系统控制下，并且水汽比较充沛，未来形势继续发展，就很可能出现阴雨天气，预示未来可能下雨。

农谚　虹高日头低，大水流满溪；虹低日头高，大河无水挑

虹低日头高，明天晒断腰

雨下虹垂，晴朗可期

这组农谚的第一句与上一组农谚意思相近。雨后彩虹高度逐渐降低，说明空气中的雨滴逐渐下沉，仅在低层空气中有水汽存在，而高空中云已经逐步消散形成无云或少云的天气。随着水汽继续下沉，空气逐渐转向稳定，空气中水汽含量减少，天气转为晴朗。“晒断腰”，晴天的意思。

农谚　断虹早挂，有风不怕

断虹高挂，有风不怕

断虹晚见，不明天变

整条的虹如果中间出现缺口，说明空气中存在比较强的湍流、对流，使空气中的雨滴分布不均匀，或大或小，或多或少，这时就会出现断虹。早上出现断虹，随着热力影响，对流加强，空气中的雨滴由大逐渐变小，由多逐渐变少，天

空逐渐转向稳定。如果晚上出现断虹，很快就有可能发展成积雨云而下雨，一般等不到天亮就会下雨。

农谚 朝虹雨，夕虹晴

早虹现西，晚上水齐牛肚皮

西虹当日雨

朝见西天虹，有雨不到午

对日虹，不到明

虹见东，有雨一场空；虹见西，早晚披蓑衣

虹与阳光总是处于相对的位置。早上出现虹，说明西边大气中已经有一定数量的雨滴存在，未来西边的天气系统将逐渐东移影响本地，因此，天气将转坏，迎来阴雨天气。傍晚出现虹，虹一定在本地的东方，说明东方大气中有大量雨滴存在。而天气系统一般是从西边向东边移动的，所以在东边的天气系统将逐渐东移更加远离本地，本地天气将会晴好。

农谚 三更夜放虹，大雨在黎明

半夜时刻天空出现虹，天亮时刻会下雨。

农谚 黑吃了虹，等不到天明；虹吃了黑，等不到天黑

"黑吃了虹"，指晚上天空出现虹，"虹吃了黑"，指早晨天空出现虹；都是要下雨的预兆。

农谚 雨吃虹，下塌坑

雨吃虹，下一丈

虹吃云，下一指

云吃虹，下一丈

"虹吃云"指的是雨过虹现的现象，说明已经下过雨了，而飘浮在空气中的一些雨滴在阳光的照射下形成虹。而此时云已经基本消散，一般不会再下雨，即使下雨也不会大。"雨吃虹"或"云吃虹"是指位于太阳一方的云突然增长，浓云密布遮住阳光而使虹消失，这种情况下说明空气中存在大量雨滴，而且云的发展速度也会对未来天气有影响，一般预示大雨即将来临。

农谚 东虹露露西虹雨，南虹出来发洪水，北虹出来下大雨

虹在东方出现，是天晴的预兆；虹出现在西方、南方、北方，均是即将下雨的预兆。

第十一章　物候测天

农谚　小燕前寒食叼米，过寒食叼水

“寒食”，即寒食节，中国传统节日，亦称“禁烟节”“冷节”“百五节”。在夏历冬至后一百零五日，古代在清明节前二日，后来直接与清明节并为一日，所以，寒食节即为清明节，清明节又称寒食节。在这一日，禁烟火，只吃冷食，所以叫作“寒食节”。在后世的发展中逐渐增加了祭扫、踏青、秋千、蹴鞠、牵勾、斗卵等风俗。寒食节前后绵延两千余年，曾被称为民间第一大祭日。“小燕”，即燕子。燕子寒食节过后，由于地表解冻，冰雪融化，燕子开始叼水，即是开始筑巢了。这句农谚，说明动物对季节反应的敏感性。

农谚　燕子趴地蛇过道，蚂蚁搬家山戴帽，水缸出汗蛤蟆叫，瓢泼大雨就要到

燕子低飞蚁筑巢，北山戴帽蛇过道，不久大雨到

“燕子趴地蛇过道，蚂蚁搬家山戴帽，水缸出汗蛤蟆叫”等现象都预示着即将下大雨。因为要下雨时，天气湿润，小飞虫翅膀湿了，飞不动，所以，燕子低飞捉飞虫；空气中湿度增大，气压低，洞内水汽不易扩散蒸发，因而闷热，蛇呼吸困难，故出洞透气。空气中水蒸气增加，泥土返潮，蚂蚁巢特别潮湿，蚂蚁难以安居，蚂蚁忙着“搬家”；阴雨快来临时，由于云层灰暗且低，往往压住山头形成“山戴帽”。下雨前，大气中水蒸气含量增加，而水缸中水面以下的部分温度较低，水蒸气接触缸壁遇冷液化成小水滴，附着在水缸外表面上；在阴湿多雨的天气，包括下雨前夕，空气水分较多时，青蛙皮肤水分不易挥发，青蛙就会跳出水面集体呱呱大叫。

农谚　燕子高飞晴天告，燕子低飞雨天报

燕子钻天麻雀闹，不过三天雨来到

燕子低飞，大雨将到

燕子低飞了，天要下雨了

天快要下雨时，空气中的水汽含量急剧增加。水汽会把大多数昆虫的翅膀沾湿，使之不能展翅高飞，只能在低空到处飞蹿；同时，由于雨前气压下降，一些

伏居土壤中的昆虫也纷纷爬出土外来透透气。因此，以昆虫为主要食物的燕子也随之在低空飞翔，便于来往捕食。晴天，昆虫飞得高，燕子便也高飞捕食。

农谚 九月九，燕飞走；三月三，燕来钻

这句谚语是在说燕子的另外一个特性：迁徙。燕子是一种候鸟，每当秋风萧瑟、黄叶飘落的秋季到来时，燕子就会成群地飞向南方，去南方享受温暖的阳光；而每当万物复苏、春风送暖的时节到来时，它们又会成群地从南方飞回来。最令人惊讶的是，它们能够依靠自己惊人的记忆力，重新回到故乡的屋檐下，带给蜗居一冬的人们无限的惊喜与欣慰。

农谚 鸦浴风，鹊浴雨，八哥争浴断风雨

这是一条根据鸟类踪迹预测天气晴雨的农谚，意思是说，乌鸦在空中打转，就是要刮风的预兆。“鹊”，喜鹊。喜鹊在水面上飞来飞去，有时点水，是要下雨的预兆。“八哥”，椋鸟科鸟类。八哥争着飞向水面，是要晴天的预兆。

农谚 乌鸦“打场”要下雨

傍晚，乌鸦满天回旋飞翔，为“打场”，表明天空风向不定。而风向不定是天将有风雨的一种征象。

农谚 喜鹊洗澡天将雨

此句农谚与“鹊浴雨”意思相同，即喜鹊在水面上飞来飞去，有时点水，是要下雨的预兆。

农谚 喜鹊乱叫，阴雨天到
仰鸣则阴，俯鸣将雨
喜鹊藏食，主连阴雨

这三句农谚，说的都是根据喜鹊的行踪，来预测天气晴雨的。

农谚 乌鸦洗澡高处蹲，未来大雨临

这句农谚，说的都是根据乌鸦的行踪，来预测天气晴雨的。

农谚 癞蛤蟆白天出洞，下雨靠得住

癞蛤蟆也是天气预报“专家”。它的生理构造特殊，肺像个足球，呼吸功率不大，单靠这样的肺呼吸是不能吸到足够氧气的。所以，癞蛤蟆除了靠肺呼吸外，还得靠皮肤来帮助呼吸。用皮肤呼吸得有个条件，那就是要经常保持皮肤的湿润，使空气中的氧首先溶解在皮肤的黏液中，再由皮肤进入血液。如果皮肤干

燥，皮肤的呼吸作用就不可能进行了，这就给它的生活造成了困难。因此，它很怕强光照射和干燥天气，白天就躲在阴暗处，晚上出来觅食。大雨来临前（1 天左右），由于空气湿度大，它白天也出来活动。这反常的表现正应了“白天癞蛤蟆出洞，下雨一定”的民谚。

农谚 社蛤叫三遍，不用问家公

“家公”，家中老人。如果癞蛤蟆一直在叫，那是晴天的预兆。

农谚 乌龟背冒汗，出门带雨伞

乌龟背壳潮湿，壳上的纹路混而暗，是天要降雨的征兆；龟壳有水珠，像是冒汗，将要下大雨。龟壳干燥，纹路清晰，预示不会下雨。这是因为龟身贴地，龟背光滑阴凉，当暖湿空气移来时，会在龟背冷却凝结出现水珠，天将下雨；反之空气干燥，暂不会下雨。

农谚 “打鱼郎子”回家，不是阴，就是下

鱼鹤（“打鱼郎子”）捕鱼，一般都是晴天进行。如果鱼鹤往回飞了，则预示着天气要下雨。

农谚 蝉鸣雨去，雨来蝉不鸣

知了鸣，天放晴

雨中闻蝉叫，预告晴天到

“知了”即蝉。蝉的叫声是由它的腹部发音器的薄膜振动而发出的。据一般观察，夏天由雨转晴前 2 h 左右，蝉就叫，而晴天转阴天时，蝉不叫。这是因为下雨前，它的发音薄膜潮湿，振动不灵；相反，天气转好，空气干燥，薄膜振动有力。

农谚 蝈蝈早早结束叫，秋季转凉来得早

“蝈蝈”，是田野里秋天的一种虫，每到秋天，田野里的蝈蝈会叫。一旦听不到蝈蝈的叫声了，说明秋季转凉来得早。

农谚 河里鱼打花，明天有雨下

鱼打漂，雨来到

鲫鱼跳，水淹灶

鱼跃花，有雨下

池塘翻水鱼浮面，暴雨洪水现眼前

河里鱼儿跳，就是下雨兆

鱼靠呼吸溶解在水中的氧气生活。天晴时大气压力高，水里溶解的氧气多，它就安静地沉栖在水底；阴雨之前气压低，深水中的氧气大大减少，鱼纷纷浮上水面呼吸。所以有“鱼跳水，要下雨”之说。

农谚 泥鳅蹿，刮破天

泥鳅吹泡又起跳，场上晒谷快收好

有“活气压计”之称的还有一种泥鳅，晴天时，待在水底一动不动，当风雨来临前，它会卷曲身体游泳。当它在水中上下左右、十分起劲地翻动时，要不了多久，可能会下雨。

农谚 蛇过道，大雨到

长蛇过道，大雨之兆

蛇过道，蛤蟆叫，水瓮潮，下雨兆

“蛇过道”，天将下雨之兆。“蛤蟆”为两栖动物，雨前气压低，水汽多，蛙类感觉呼吸不畅就哇哇大叫。“水瓮潮”，意思与上本章农谚“水缸出汗”相同。

农谚 蜜蜂窝里叫，阴雨要来到

蜜蜂晚出早归巢，天气有变雨将到

蜜蜂带雨采蜜天将晴

蜜蜂知天事的本领最强，对于天气的各种变化，它能迅速做出相应的反应。例如，早晨见到有大量蜜蜂争先恐后飞出蜂箱采集，这就表明今天是晴天；假如傍晚蜜蜂回箱晚，表示明天天气继续晴朗；早晨如果蜜蜂不出箱、少出箱，或迟迟不离蜂箱，预示将有阴雨天气。在白天，如果发现蜜蜂回巢突然异常踊跃，很多蜜蜂急急忙忙进巢，而且很少出巢或不出巢，有时发现有少数几个蜜蜂在巢门口探头探脑，凝视张望，这预示天气将会突变。如果在连续阴雨后，蜜蜂纷纷出巢在细雨中采蜜，这预示着阴雨将结束，天气要转晴。故有“蜜蜂出巢天气晴”“蜜蜂不出工，大雨要降临”“蜜蜂带雨采蜜天将晴”等谚语。

那么，为什么蜜蜂对天气的变化这么敏感呢？原来蜜蜂的前后两对翅膀很轻薄，便于飞行，而且，蜜蜂习惯在天气晴朗、气压较高的情况下飞行。在降雨之前，因大气中含水量增多，湿度大，气压低，蜜蜂易沾上细细的水珠，体重增多，翅膀变软变重，振翅频率减慢，飞行较困难，所以只好待在蜂巢里不出来。另外，从蜜蜂采蜜情况来看，也与天气有密切关系。晴暖无风的天气，能使鲜花的蜜腺大量分泌甜汁，并散发出浓郁的花香，也引诱蜜蜂前来采集。所以，平时注意观察蜜蜂的活动规律，就能预知未来短时期内的天气变化。

农谚　麻雀囤食要下雪

冬季里，如果发现麻雀四处寻食，飞个不停，进巢时，嘴里还叼着杂草、种子之类的东西，这就表明麻雀在囤积食物了，一般3～5天内将要下雪。

农谚　麻雀早晨串门叫，就要有雨到

麻雀早晨早早飞出窝，集中在农户门前树上，叽叽喳喳叫个不停，预示着天将下雨。

农谚　麻雀洗澡，雨要到

夏秋季节，天气闷热，空气潮湿，麻雀感到身痒，便飞到浅水地方洗澡散热，这种情况将预示一两天内有雨。如果大群麻雀洗澡，未来则有大到暴雨。

农谚　推屎虫通夜忙，明天好晒粮

“推屎虫”，也称屎壳郎。如果推屎虫通夜滚屎球，预示着明天是个晴天。

农谚　蝼蛄唱歌，天气晴和

“蝼蛄”，一种地下害虫，一般在地下活动。如果蝼蛄发出叫声，是晴天的预兆。

农谚　鸡不入笼有大雨
　　　鸡往高处跳，大雨快来到

下雨前，气压较低，湿度较大，昆虫贴着地面飞，鸡要觅虫食，再加上笼里闷，鸡不愿进笼。

农谚　家鸡迟宿有阴雨
　　　鸡宿迟、兆阴雨

鸡没有汗腺和皮脂腺，由于缺乏散热本领，十分怕热。成鸡以20℃为宜，超过30℃常张口、伸翅以助散热。在炎夏的傍晚，鸡窝内更加闷热，因此发现鸡迟迟不想进窝，这就是雷雨即将到来的预兆。下雨前，空气里水分多，鸡窝就潮湿，鸡粪也会发出一股难闻的气味，所以，鸡就不愿意回窝。

农谚　鸡早宿窝天必晴，鸡晚进笼天必雨

这句是说家禽鸡如果黄昏时还舍不得进窝，说明天气潮闷，夜间有阵雨。如果鸡黄昏时早早进窝，说明夜间天气晴好。

农谚　母鸡啁，雨破头；鸡宿迟，雨淋淋

“喌”，形容鸡叫等各种声音。母鸡发出轻轻的叫声，是要下雨的预兆。“鸡宿迟，雨淋淋”意思与“家鸡迟宿有阴雨”相同。

农谚 小鸡愁叫，风雨冷雪到

母鸡发出轻轻的叫声，是要下雨（夏天）或下雪（冬天）的预兆。

农谚 鸭不安，要阴天

鸭子潜水快，天气将变坏

鸭子上栏早，雨天将来到

以上这几句农谚，说的是鸭子的活动和天气的关系。如果鸭子连续潜水中捞取食物、捕捉食物，未来有阴雨；如果发现鸭子上栏早或表现不安，预示天气会阴天或下雨。

农谚 中午牛羊不卧梁，下午冰雹要提防

中午时分，牛羊经过一上午的放牧，中午要趴在地上进行反刍，即“卧梁”。如果这时放牧的牛羊不卧梁反刍，下午有可能出现冰雹。

农谚 马驹乱跑不吃草，当日雨就到

“马驹”，即小马。如果马驹乱跑乱跳，是下雨的预兆。

农谚 马嘴朝天，大雨眼前

老牛叫，阴雨到

老牛抬头向天嗅，雨临头

连阴天，驴刨槽，天气晴不了

“刨槽”，农村养驴，都把驴拴在木槽或石槽上，槽内盛有草、料供驴吃。如果连阴天时，驴的前腿不停地刨地（刨槽），预示着连阴天将继续。

农谚 羊头相撞，天要刮风

放牧中的羊群，如果有羊互相撞头，预示着天要刮风。

农谚 幼羊早起玩得欢，当晚定有雨雪连

早晨，羊圈里的小羊羔早早起来玩得欢，预示着当天晚上会下雨（夏天）或下雪（冬天）。

农谚 骆驼脖子贴着地，不冷也要变天气；久阴之后起吃草，天气很快就转好

这句农谚是说骆驼和天气的关系的。如果骆驼趴在地上休息时，脖子贴着地

面，是要变天气的预示；如果骆驼在久阴后站起来吃草，是天气变好的预示。

农谚 黄羊向南跑，风雪马上到
黄羊结群天气暖，黄羊稀少天气寒

“黄羊”，即狍子。这两句农谚是说，如果黄羊向南跑，预示着风雪马上到了。如果黄羊聚群，说明天气暖和了；反之，如果发现黄羊稀少，说明天气寒冷了。

农谚 猪搂草，雨要到
猪叼草，寒潮到

这是因为猪的鼻、嘴部无毛，直接接触空气，对寒冷特别敏感，在寒潮到来之前它有先觉，急忙衔草作窝。天气稍冷便把嘴巴伸入草中，再冷些就会全身钻进草里御寒，母猪的反应更为敏感。所以，见到猪叼草，就是寒潮即将来临的预兆。

农谚 猪颠刮风，衔草要冷

猪不安宁，就要刮风了。冬天，猪衔草取暖，说明寒潮就要到来了。

农谚 狗洗澡，雨要到
狗吃青草，大雨要到
狗尾下垂有阴雨
狗吐翻肠响，将有大雨降

这几句农谚，是说狗的活动和天气的关系的。第一句是说因为狗身上没有汗腺，炎夏时不能靠毛孔散热，只有靠张嘴、耷拉舌头散热来保持恒温。当嘴和舌均无济于事时，便跳到水塘或小溪里泡水，以帮助散热。因此，发现“狗泡水”，预示天将下雨了。第二至第四句是说狗吃青草、狗尾下垂、狗吐食，都是下雨的预兆。

农谚 家鼠活动早，阴雨将来到
田鼠窝内藏粮多，兆阴雨
黑老鼠朝家逃，大雨将来到

这是几句关于老鼠的活动和天气的关系的农谚。“家鼠”，在住宅、仓库等地活动的老鼠。“田鼠”，在田野里活动的老鼠。“黑老鼠”，即老鼠。一般地说，发现老鼠在室外活动，预示着要下雨。

农谚 牛虻叮人，大雨欲临

“牛虻”，双翅目虻科昆虫，虻的俗称，状似蝇而稍大，雌虫刺吸牛等牲畜的血液，为害家畜。夏天，如果牛虻往人身上飞，预示着要下大雨。

农谚 灶烟往下埋，不久雨将来

烟筒不出烟，一定是阴天

正常情况下（晴天）烟的密度小于空气的密度，因此是向上走。当阴天时，空气中由于水分子的增加，密度大于烟的密度，导致烟向下走。因此，烟筒不能出烟。

农谚 烟扑地，雨连天

下雨前，空气湿度增大。烟上升时，组成烟的微小碳粒会强烈吸附水汽，迅速增加烟的重量；同时，烟中所含的二氧化硫极易与空气中的水分发生反应，变成液滴，也增加了烟的重量。因此，烟从烟囱冒出后，不是往上升，而是往地上扑。这种现象往往是下雨的征兆。

农谚 水底泛青苔，天有风雨来

水里发蓝，蓝的有点绿绿的像青苔一样的颜色，这时天气马上会起风和下雨，大雨将至。

农谚 青苔浮水面，有雨在跟前

这句是说春夏时连续干燥的天气。如果池塘或湖泊边上忽然浮现大量的青苔，说明一两日内必定会有一场持续几日的雨天。

农谚 缸穿“裙”，大雨临

“缸”穿‘裙’”，此句农谚与“水缸出汗”意思相同。

农谚 地返潮，有雨到

表示如果你看到地面突然变得很潮湿（不是水泼上去了），表明空气湿度大，可能就是最近要下雨。

农谚 咸肉滴卤，雨下如注

下雨前夕，大气中含水量大。咸肉中的盐吸取了空气中大量的水分，于是滴卤。因此，人们通过咸肉滴卤来预测下雨。

农谚 草灰结成饼，天有风雨临

当有阴雨天气时空气的湿度增加，草木灰的主要成分是碳酸钾，容易结晶，所以会成块。

农谚 盐出水，铁出汗，雨水不少见

下雨前，空气湿度增大。盐是一种吸湿性很强的物质，它很容易吸收空气中的水分而潮解，产生“盐出水”现象。铁传热本领大，不但热得快，而且凉得也快。铁的温度一般要比周围空气的温度低一些。当含有大量水汽且温度较高的空气与铁器接触时，水汽遇冷而饱和，凝结成小水珠附在铁器上。因这种现象与人身上出汗相似，故称为“铁出汗”。

农谚 柳叶发白，大雨将来
柳叶发白，天将阴雨

如果发现柳叶变成白色，就预兆着阴雨天气将会来临。其实，仔细观察就会发现，并非柳叶变白，而是柳叶在阴雨天前会全部反转过来，而柳叶的反面是浅绿色的，表面还带一层“白霜”。

农谚 南瓜头朝下，天气将变化

南瓜藤的顶端通常都是向下面缓缓趋前生长的。但是，倘若在夏季的早晨，发现南瓜藤的顶端普遍朝上，则预示着天气将由晴转雨；反之，若在阴雨天气里发现南瓜藤的顶端普遍朝下，则预示着天气将要转晴。

农谚 含羞草害羞，天将阴雨

如果被触动的含羞草叶子很快合拢、下垂，之后，需经过相当长的时间才能恢复原态，则说明天气将艳阳高照，晴空万里；反之，叶子受触后收缩缓慢、下垂迟缓，或叶子稍一闭后即张开，则预示着风雨即将来临。

农谚 鬼子姜开花霜冻临

“鬼子姜”，学名菊芋。在华北北方，菊芋花开 10 天左右，天就降霜了，成为初霜的预报植物。

农谚 上看初三四，下看十五六

初三、初四天气晴好，上半月好天气；初三、初四天气阴雨，上半月多天气变化。十五、十六天气晴好，下半月好天气；十五、十六天气阴雨，下半月多天气变化。

参考文献

[1] 中国农业博物馆.二十四节气农谚大全[M].北京:中国农业出版社,2016.

[2] 陈丙合,陈倩倩.农村实用谚语及释义[M].北京:中国农业出版社,2016.

[3] 中华农业科教基金会.农谚800句[M].北京:中国农业出版社,2014.

[4] 任国玉,曾金星,王奉安.中华气象谚语大观[M].北京:气象出版社,2012..

[5] 陈君慧.谚语大全[M].哈尔滨:北方文艺出版社,2014.

[6] 张心远.谚语[M].西安:陕西数字出版社传媒有限公司,2008.

[7] 商务印书馆辞书研究中心.新华谚语词典[M].北京:商务印书馆,2014.

[8] 朱振全.气象谚语精选:天气预报小常识[M].北京:金盾出版社,2012.

[9] 墨香斋.中华谚语大全[M].北京:中国纺织出版社,2015.

[10] 柳长江.农业谚语[M].太原:山西经济出版社,2017.

[11] 吕波,路楠.节气 农谚 农事[M].北京:北京永鑫印刷有限责任公司,2014.

[12] 严光华,官秀珠.中华气象谚语精解[M].北京:气象出版社,2012.

[13] 董汉文.农谚[M].北京:中国农业出版社,2011.

[14] 郝天民.北方农业谚语集锦[M].赤峰:内蒙古科学技术出版社,2000.

[15] 邵同斌.读谚语 知农事[M].北京:化学工业出版社,2010.

[16] 陶本艻.农家观天测风雨[M].北京:气象出版社,2010.

[17] 魏红霞.谚语歇后语[M].北京:北京教育出版社,2014.

[18] 张志红,王建玲,马青荣,等.小麦产量与底墒水关系的分析[J].应用气象,2002,2:32-33.

[19] 朱跃龙,朱秋菊.农村库、塘、堰、坝的现存功能分析[J].中国水运,2012(5):124-125.

[20] 徐龙飞.农家肥的处理和应用[J].六盘水师范高等专科学校学报,2006,18(3):55-56.

[21] 单英杰,章明奎.不同来源畜禽粪的养分和污染物组成[J].中国生态农业学报,2012,20(10):80-86.

[22] 汪世平.农作物的引种与选择育种[J].北京农业,2015(12):449.
[23] 顾正兰.圈外高温精肥好处多[J].北方果树,1995(4):37.
[24] 王玉堂.秋播前晒晒种 麦苗壮产量增[J].北京农业,2011(22):44.
[25] 王友联,谢道云,丁祖芬,等.稻草还田是培肥土壤的有效方法[J].安徽农业,1997,4:20.
[26] 刘起丽,段长勇,张嫣紫,等.秸秆还田技术研究进展[J].河南科技学院学报,2012,40(6):25-27.
[27] 林海波,夏忠敏,陈海燕,等.有机、无机肥料配施研究进展与展望[J].耕作与栽培,2017(4):67-69.
[28] 王秋菊,高中超,张劲松,等.深耕培肥改良瘠薄黑土理化性质及提高大豆产量的研究[J].土壤通报,2016,47(6)1393-1398.
[29] 徐振远,徐振,刑尚军,等.半干旱地区雨水高效收集利用技术研究综述[J].山东林业科技,2012(5):91-94.
[30] 梅明义,张丽芬,林敏莉,等.建立高山繁种基地 解决种薯退化难题[J].内蒙古农业科技,2002(增):96-97.
[31] 俞世蓉.论种子生产的理论与实践[J].遗传育种,1987(1):20-21.
[32] 杨洪珍.小麦苗期管理“七要点”[J].河北农业,2015(11):14-15.
[33] 李兆波,吴禹,孟庆忱,等.小麦新品种辽春21号选育及栽培技术[J].辽宁农业科学,2010(3):92-94.
[34] 华夫.内蒙古农谚选注[J].现代农业,1982(5).
[35] 胡泽学.山西传统耕犁的特点及其成因分析[J].古今农业,2011(1):73-80.
[36] 万惠恩.农谚注解[J].农业科技与信息,2006(4):10.
[37] 夏振清.积肥造粪要掺土[J].农村百事通,2011(19):36.
[38] 冀保毅,赵亚丽,等.深耕条件下秸秆还田对不同质地土壤肥力的影响[J].玉米科学,2015,23(4):104-109.
[39] 周增莲.农作物的引种与选择育种的探讨[J].科技传播,2010,8(上):121-122.
[40] 陈秋兰.冬小麦播种及田间管理技术[J].农业技术与装备,2013,3(B):50-51.
[41] 邓新亨.对天气谚语的科学考察[J].济南大学学报,1994,4(3):51-55.